Erwin Schrödinger

Statistische Thermodynamik

Ein Vieweg-Reprint

STATISTISCHE THERMODYNAMIK

VON

PROF. DR. ERWIN SCHRÖDINGER
DUBLIN

Mit 6 Abbildungen im Text

1 9 5 2

JOHANN AMBROSIUS BARTH / LEIPZIG

Titel der englischen Originalausgabe: "Statistical Thermodynamics – A Course of Seminar Lectures, delivered in January-March 1944, at the School of Theoretical Physics, Dublin Institute for Advanced Studies"

Cambridge University Press, London 1946

Ins Deutsche übersetzt von Dr. Werner Bloch, Berlin

1978

Unveränderter Nachdruck der 1952 bei Johann Ambrosius Barth, Leipzig, erschienenen Ausgabe

Der Nachdruck erfolgt mit freundlicher Genehmigung des Verlages
Johann Ambrosius Barth, Leipzig

Buchbinder: W. Langelüddecke, Braunschweig

ISBN-13: 978-3-528-08410-3 e-ISBN-13: 978-3-322-89410-6
DOI: 10.1007/978-3-322-89410-6

INHALT

Kapitel I

ALLGEMEINE EINFÜHRUNG

Das Ziel dieser Vorlesungen ist die kurze Darlegung eines einfachen, einheitlichen Normalverfahrens, das man, ohne die Grundauffassung zu ändern, in allen Fällen anwenden kann, auf die klassische Statistik ebensowohl wie auf die Quantenstatistiken nach Bose-Einstein und Fermi-Dirac, ja selbst auf neue Fragestellungen, die sich künftig ergeben mögen.

Der Nachdruck liegt auf dem allgemeinen Verfahren, die Beispiele dienen lediglich zu seiner Erläuterung. Es ist keine erste Einführung für Neulinge auf diesem Gebiet, sondern eher ein „Repetitorium". Die Behandlung solcher Dinge, die in jedem Lehrbuch zu finden sind, ist sehr gedrängt; andererseits werden entscheidende Punkte, die fast überall, außer in den umfangreichen Monographien (wie denen von Fowler und Tolman) übergangen werden, ausführlicher dargelegt.

Es gibt in der statistischen Thermodynamik im wesentlichen nur ein Problem: die Verteilung eines gegebenen Energiebetrages E auf N identische Systeme. Oder vielleicht besser: es ist die Verteilung einer Gesamtheit von N identischen Systemen auf die möglichen Zustände zu bestimmen, deren die Gesamtheit bei gegebener Gesamtenergie E fähig ist. Dabei wird angenommen, daß zwischen den Systemen nur eine geringe Wechselwirkung besteht, so gering, daß die Wechselwirkungsenergie vernachlässigt werden kann, und daß man also von der „privaten" Energie jedes dieser Systeme sprechen kann. Die Summe dieser „privaten" Energien soll demnach gleich E sein. Die besondere Rolle, welche die Energie spielt, besteht also nur darin, daß sie eine Konstante der Bewegung ist — die eine nämlich, die stets existiert, und im allgemeinen die einzige. Die Verallgemeinerung für den Fall, daß es außerdem noch andere gibt (Impulse, Impulsmomente), ist naheliegend. Sie ist gelegentlich ins Auge gefaßt worden, hat jedoch außer etwa in astrophysikalischer Anwendung keine Bedeutung erlangt.

„Die Bestimmung der Verteilung" bedeutet im Prinzip, sich mit jeder möglichen Energieverteilung (oder jedem möglichen Zustand der Gesamtheit) bekanntzumachen, diese alle in geeigneter Weise zu klassifizieren, d.h. in einer Weise, die dem jeweiligen Zweck entspricht, und die Zahl der Elemente in den Klassen zu zählen, so daß man imstande ist, über die Wahrscheinlichkeit gewisser Züge oder Merkmale, die in der Gesamtheit auftreten, zu urteilen. Die Fragen, die in dieser Hinsicht auftreten können, sind sehr verschiedenartig, und demnach kann auch die bei einem bestimmten Problem wirklich erforderliche Einteilung von sehr verschiedener Art sein, besonders hinsichtlich der Feinheit der Einteilung. Am einen Ende der Skala haben wir die allgemeine Aufgabe, jene Züge ausfindig zu machen, die fast allen möglichen Zuständen der Gesamtheit gemeinsam sind, so daß wir ziemlich sicher sagen können, daß sie „fast immer" vorliegen. In diesem Fall haben wir beinahe nur mit einer Klasse zu tun, genau genommen mit zwei, aber die zweite hat nur einen vernachlässigbar kleinen Inhalt. Am anderen Ende der Skala steht etwa eine so bestimmte Frage wie die nach dem Umfang, d. h. nach der Anzahl der Zustände der Gesamtheit in derjenigen „Klasse", in der ein bestimmtes Einzelsystem sich in einem bestimmten seiner möglichen Zustände befindet. Das Maxwellsche Geschwindigkeitsverteilungsgesetz ist das bekannteste Beispiel.

Dies ist das immer gleichbleibende mathematische Problem; wir werden bald seine allgemeine Lösung angeben, aus der für jede besondere Systemart die jeweils gewünschte Klasseneinteilung abgeleitet werden kann.

Es gibt aber zwei verschiedene Auffassungen hinsichtlich der physikalischen Anwendung des mathematischen Ergebnisses.

Wir werden später, aus guten Gründen, der einen den Vorzug geben, im Augenblick müssen wir uns mit beiden auseinandersetzen. Die ältere und naivere Anwendung bezieht sich auf N wirklich existierende physikalische Systeme, die in wirklicher physikalischer Wechselwirkung miteinander stehen, also z. B. Gasmoleküle oder Elektronen oder Plancksche Oszillatoren oder Freiheitsgrade (Ätheroszillatoren) eines „Hohlraumes". Alle N zusammen stellen das betrachtete wirkliche physikalische System dar. Dieser ursprüngliche Gesichtspunkt ist an die Namen von Maxwell, Boltzmann und anderen geknüpft.

Er genügt aber nur zur Behandlung einer sehr beschränkten Klasse von physikalischen Systemen — in der Tat nur der Gase. Er ist nicht auf ein System anwendbar, das nicht aus einer großen Anzahl identischer Bestandteile mit „privaten" Energien zusammengesetzt ist. In einem festen Körper ist die Wechselwirkung zwischen Nachbaratomen so stark, daß man auch nicht gedanklich seine Gesamtenergie in die Privatenergien seiner Atome aufteilen kann, ja schon ein „Hohlraum" (ein „Ätherblock" als Sitz der Vorgänge im elektromagnetischen Felde) läßt sich nur in Oszillatoren von vielen — unendlich vielen — verschiedenen Arten auflösen, so daß es mindestens notwendig wäre, mit einer Gesamtheit von unendlich vielen verschiedenen (weil aus verschiedenen Bestandteilen bestehenden) Gesamtheiten zu arbeiten.

Daher ist eine zweite Auffassung (oder vielmehr eine andere Anwendung derselben mathematischen Ergebnisse) entwickelt worden, die wir Willam Gibbs verdanken. Sie hat eine ihr eigentümliche Schönheit, ist sehr allgemein auf jedes physikalische System anwendbar und hat einige weitere Vorzüge, die wir sogleich erwähnen werden. Hier sind die N identischen Systeme gedankliche Abbilder des einen betrachteten Systems, — des einen makroskopischen Apparates also, der wirklich auf unserem Laboratoriumstisch steht. Aber was soll denn das heißen, einen gegebenen Energiebetrag E auf diese N gedanklichen Abbilder verteilen? Nach meiner Ansicht folgendes:

Man kann sich vorstellen, daß man wirklich N Exemplare des Systems hätte, daß sie wirklich in „schwacher Wechselwirkung" miteinander ständen, aber von der übrigen Welt isoliert wären. Richtet man nun seine Aufmerksamkeit auf eines von ihnen, so findet man es in einer merkwürdigen Art von „Wärmebad", das aus den $N - 1$ übrigen besteht.

Nun sagt einerseits die Erfahrung, daß beim thermodynamischen Gleichgewicht ein physikalisches System im Wärmebad sich immer gleich verhält, woraus auch das Wärmebad bestehen mag, welches das System auf konstanter Temperatur erhält, vorausgesetzt natürlich, daß das Bad dem System gegenüber chemisch neutral ist, das heißt also, daß kein anderer Vorgang als Wärmeaustausch zwischen ihnen stattfindet. Andererseits benutzen die statistischen Rechnungen nicht den Mechanismus der Wechselwirkung. Sie setzen nur voraus, daß dieser „rein mechanisch" ist, daß er die Beschaffenheit der einzelnen Systeme nicht beeinflußt (z. B. daß er sie niemals zerstückelt), sondern nur Energie vom einen auf das andere überträgt.

Diese Betrachtungen legen es nahe, das Verhalten irgendeines dieser N Systeme als eine Beschreibung des *einen* wirklich existierenden Systems zu betrachten, wenn dieses in ein Wärmebad von gegebener Temperatur gebracht wird. Ferner können wir, da die N Systeme gleich beschaffen und den nämlichen Bedingungen unterworfen sind, aus ihrer simultanen statistischen Verteilung uns offenbar über die Wahrscheinlichkeit ein Urteil bilden, unser System in dem einen oder anderen seiner privaten Zustände anzutreffen, während es sich in einem Wärmebad von gegebener Temperatur befindet. Somit können alle Fragen über das System im Wärmebad beantwortet werden.

Diesen Gesichtspunkt wählen wir grundsätzlich — obwohl alle folgenden Betrachtungen bei einiger Vorsicht auch auf den anderen angewandt werden können. Der Vorteil besteht nicht nur in der allgemeinen Anwendbarkeit, sondern auch in folgenden zwei Punkten:

1. N kann beliebig groß gemacht werden. Und wir meinen, wo es darauf ankommt, stets $\lim N = \infty$ (ein unendlich großes Wärmebad). Daher ist z. B. die Anwendbarkeit der Stirlingschen Formel für $N!$ oder für die Fakultäten von „Besetzungszahlen", die zu N proportional sind (und die daher mit N über alle Grenzen wachsen), niemals in Frage gestellt.

2. Es kann niemals fraglich werden, ob die Mitglieder der Gesamtheit identifizierbare Individuen sind – wie es nach der „neuen Statistik" bei Teilchen fraglich wird. Unsere Systeme sind makroskopische Systeme, die wir grundsätzlich mit Etiketten versehen könnten, wenn wir wollten. So müssen also zwei Zustände der Gesamtheit, die sich dadurch unterscheiden, daß System Nummer 6 und System Nummer 13 ihre Rollen vertauscht haben, als verschiedene Zustände gezählt werden –, während dies nicht der Fall zu sein braucht, wenn zwei gleichartige Atome innerhalb des Systems Nummer 6 ihre Rollen tauschen; dieses letzte ist aber nur eine Frage der richtigen Abzählung der Zustände des einzelnen Systems, d. h. aber der richtigen Beschreibung seiner quantenmechanischen Beschaffenheit.

Kapitel II

DIE METHODE DER WAHRSCHEINLICHSTEN VERTEILUNG

Wir haben es mit einer Gesamtheit von N identischen Systemen zu tun. Wir beschreiben die Natur eines jeden von ihnen durch Aufzählung seiner möglichen Zustände, die wir mit 1, 2, 3, 4, ... l, ... bezeichnen. Grundsätzlich stellen wir uns dabei immer ein quantenmechanisches System vor, dessen Zustände durch die Eigenwerte eines vollständigen Satzes vertauschbarer Veränderlicher beschreibbar sind. Die Eigenwerte der Energie in diesen Zuständen nennen wir $\varepsilon_1, \varepsilon_2, \varepsilon_3 \ldots \varepsilon_l \ldots$ und ordnen diese so, daß $\varepsilon_{l+1} \geqq \varepsilon_l$. Wenn es nötig ist, kann das Schema aber auch auf ein klassisches System angewandt werden, bei dem die Zustände als Zellen gleichen Rauminhaltes im Phasenraum (p_k, q_k) zu beschreiben sind, und zwar derart, daß innerhalb einer Zelle – gleichviel ob sie in allen Richtungen infinitesimal ist oder nicht – die Energie nicht merklich schwankt. Wichtiger als diese nur gelegentliche Anwendung ist folgendes:

Wir werden den Zustand der Gesamtheit stets als durch die Angabe bestimmt ansehen, daß System Nr. 1 sich etwa im Zustande l_1, Nr. 2 im Zustande $l_2 \ldots$, Nr. N im Zustande l_N befindet. Wir werden diese Auffassung beibehalten, obwohl sie durchaus unzutreffend ist. Denn ein quantenmechanisches System befindet sich nicht in diesem oder jenem Zustande, der durch einen vollständigen Satz vertauschbarer Veränderlicher beschreibbar ist, die man ein für allemal gewählt hat. Nimmt man diese Auffassung an, so bewegt man sich in streng klassischen Gedankengängen. Ist die Folge von Zuständen gewählt, so kann man vom individuellen System im günstigsten Fall erwarten, daß es eine gewisse Wahrscheinlichkeitsamplitude hat, mithin gewisse Wahrscheinlichkeiten in den Zuständen Nr. 1 oder Nr. 2 oder Nr. 3 usw. angetroffen zu werden. Ich sagte: Im günstigsten Fall eine Wahrscheinlichkeitsamplitude. Aber nicht einmal soviel Bestimmtheit des einzelnen Systems muß vorliegen. Es gibt eigentlich keinen zureichenden Grund, dem einzelnen System überhaupt einen „reinen Fall“ zuzuschreiben.

Wenn wir uns auf diese Frage einlassen wollten, so würde sie uns weitab in sehr subtile quantenmechanische Überlegungen führen. VON NEUMANN, WIGNER und andere haben diese Untersuchungen angestellt, aber die Ergebnisse unterscheiden sich nicht wesentlich von denen, die man von dem einfacheren und naiveren Standpunkte aus, den wir eben umrissen haben und annehmen wollen, auch gewinnen kann.

Demnach soll also eine bestimmte Klasse von Zuständen der Gesamtheit dadurch gekennzeichnet werden, daß wir sagen $a_1, a_2, a_3 \ldots a_l \ldots$ der N Systeme befinden sich jeweils im Zustande $1, 2, 3, \ldots l, \ldots$. Alle Zustände der Gesamtheit zerfallen – reinlich getrennt und lückenlos – in die mit Hilfe aller verschiedenen zulässigen Zahlensätze a_l beschreibbaren Klassen:

Zustand Nr.	1	2	3	...	l	...	
Energie	ε_1	ε_2	ε_3	...	ε_l	...	(2.1)
Besetzungszahl	a_1	a_2	a_3	...	a_l	...	

Die Anzahl der einzelnen Zustände, die zu dieser Klasse gehören, beträgt offenbar

$$P = \frac{N!}{a_1!\,a_2!\,a_3!\ldots a_l!\ldots}. \tag{2.2}$$

Der Satz von Zahlen a_l muß natürlich den Bedingungen genügen

$$\sum_l a_l = N, \quad \sum_l \varepsilon_l a_l = E. \tag{2.3}$$

Die Angaben (2.2) und (2.3) erledigen eigentlich unsere Abzählung. Aber in dieser Form ist das Ergebnis völlig unübersichtlich.

Bei der jetzt betrachteten Methode nimmt man an, daß wegen der außerordentlichen Größe der Zahl N die Gesamtzahl der Verteilungen (d.h. die Summe über alle P's) durch die Summe aller derjenigen P's ziemlich erschöpft wird, deren Besetzungszahlen a_l nicht merklich von denjenigen abweichen, für die P seinen Maximalwert erreicht (wobei natürlich nur solche in Betracht gezogen werden, die (2.3) genügen). Mit anderen Worten: Wenn wir annehmen, daß dieser Satz von Besetzungszahlen stets vorliegt, so lassen wir nur einen sehr kleinen Bruchteil aller möglichen Verteilungen außer acht – und dieser hat nur „eine verschwindende Wahrscheinlichkeit jemals verwirklicht zu werden".

Diese Annahme ist streng richtig in der Grenze $N \to \infty$ (also bei der Anwendung auf die „vorgestellte" oder „virtuelle" Gesamtheit, wobei wir in dubio stets diesen Grenzfall meinen, der physikalisch einem unendlich großen Wärmebad entspricht. Hier sieht man wieder die große Überlegenheit des Gibbsschen Gesichtspunktes). Im Augenblick lassen wir die Annahme ohne Beweis zu, der sich später aus der anderen Methode von DARWIN-FOWLER ergeben wird, der „Methode der Mittelwerte".

Ist N groß aber endlich, so ist die Annahme nur näherungsweise richtig. So dürfen bei der Anwendung auf den Boltzmannschen Fall die Verteilungen mit Besetzungszahlen, die von der des „Maximumsatzes" abweichen, nicht völlig vernachlässigt werden. Sie geben Auskunft über die thermodynamischen Schwankungen des Boltzmannschen Systems, wenn es bei konstanter Energie E, d.h. in vollkommener Wärmeisolation, erhalten wird.

Darauf wollen wir hier jedoch nicht näher eingehen. Teils wegen der sehr beschränkten Anwendbarkeit des Boltzmannschen Standpunktes, dann aber auch aus folgendem Grunde: Da sich die Bedingung völliger Wärmeisolation praktisch nicht herstellen läßt, so beziehen sich die Ergebnisse, die man für die thermodynamischen Schwankungen unter diesen nicht realisierbaren Bedingungen erhält, nur teilweise auf die Wirklichkeit, nämlich nur soweit, als sich zeigen läßt oder man glauben darf, daß sie die gleichen sind, wie „unter den Bedingungen des Wärmebades“. Nun lassen sich die Schwankungen eines Systems in einem Wärmebad konstanter Temperatur viel leichter unmittelbar vom Gibbsschen Standpunkt aus gewinnen. Daher hat es keinen Sinn, sich des komplizierteren Hilfsmittels zu bedienen, um ein Ergebnis zu erhalten, das sich doch nur auf einen idealen nicht realisierbaren Fall anwenden läßt.

Kehren wir nun zu (2.2) und (2.3) zurück und wählen wir den Logarithmus von P als diejenige Funktion, deren Maximum wir bestimmen, wobei wir die Nebenbedingungen in üblicher Weise durch die Lagrangeschen Multiplikatoren λ und μ berücksichtigen; d.h. wir suchen das Maximum ohne Einschränkung von

$$\log P - \lambda \sum_l a_l - \mu \sum_l \varepsilon_l a_l; \tag{2.4}$$

für die Logarithmen der Fakultäten benutzen wir die Stirlingsche Formel in der Form

$$\log(n!) = n(\log n - 1), \tag{2.5}$$

und natürlich behandeln wir die a_l so, als ob sie stetige Veränderliche wären. Für die Variation von (2.4) erhalten wir

$$-\sum_l \log a_l \delta a_l - \lambda \sum_l \delta a_l - \mu \sum_l \varepsilon_l \delta a_l = 0,$$

und müssen die Koeffizienten jedes δa_l zum Verschwinden bringen, somit ergibt sich (für jedes l)

$$\log a_l + \lambda + \mu \varepsilon_l = 0,$$

oder

$$a_l = e^{-\lambda - \mu \varepsilon_l}.$$

λ und μ müssen aus den Nebenbedingungen bestimmt werden:

$$\sum_l e^{-\lambda - \mu \varepsilon_l} = N, \quad \sum_l \varepsilon_l e^{-\lambda - \mu \varepsilon_l} = E.$$

Durch gliedweise Division eliminieren wir λ, wir können aber auch $e^{-\lambda}$ unmittelbar aus der ersten Formel gewinnen. Bezeichnen wir den mittleren Anteil der Energie eines Einzelsystems E/N

mit U, so können wir unser Gesamtergebnis folgendermaßen ausdrücken:

$$\left.\begin{aligned} \frac{E}{N} = U &= \frac{\sum \varepsilon_l e^{-\mu \varepsilon_l}}{\sum e^{-\mu \varepsilon_l}} = -\frac{\partial}{\partial \mu} \log \sum e^{-\mu \varepsilon_l}, \\ a_m &= N \frac{e^{-\mu \varepsilon_m}}{\sum e^{-\mu \varepsilon_l}} = -\frac{N}{\mu} \frac{\partial}{\partial \varepsilon_l} \log \sum e^{-\mu \varepsilon_l}. \end{aligned}\right\} \tag{2.6}$$

Der Satz von Gleichungen in der zweiten Zeile gibt die Verteilung unserer N Systeme über ihre Energieniveaus an. Man kann sagen, daß hierin, wie in einer Nußschale, die gesamte Thermodynamik enthalten ist, die vollständig von dieser Grundverteilung abhängt. Die Beziehung selbst ist sehr durchsichtig — die Exponentialfunktion $e^{-\mu \varepsilon_l}$ gibt die Besetzungszahl a_l als Bruchteil der Gesamtzahl N aller Systeme an, wobei die Summe im Nenner nur ein „Normierungsfaktor“ ist. Aber natürlich müßte μ aus der ersten Gleichung als eine Funktion der mittleren Energie U und der „Natur des Systems“ (d.h. der ε_l's) bestimmt werden; und natürlich ist es unmöglich diese Gleichung allgemein nach μ aufzulösen. Ja, es ist ganz klar, daß der Funktionszusammenhang zwischen μ und U sicherlich nicht universell ist, sondern völlig von der Art des Systems abhängt.

Glücklicherweise können wir aber unseren Gleichungen eine sehr befriedigende allgemeine physikalische Deutung geben, ohne die Gleichung nach μ aufzulösen, weil diese Größe (die ja ursprünglich nur als ein Lagrangescher Multiplikator, also als ein mathematisches Hilfsmittel eingeführt worden war) sich von viel tieferer Bedeutung erweist als U. Das geht so weit, daß der Physiker voll zufrieden ist, wenn ihm in jedem besonderen Fall U als Funktion dieser Größe gegeben ist und nicht umgekehrt. Dies letzte wäre sogar sehr unnatürlich.

Um dies ohne allzuviele Einschränkungen erklären zu können, nehmen wir jetzt endgültig den Gibbsschen Standpunkt ein. Wir nehmen also an, daß wir es mit einer virtuellen Gesamtheit zu tun haben, wobei jedes einzelne Element das System ist, das wir wirklich betrachten. Und da alle diese Elemente gleichberechtigt sind, können wir jetzt, wenn wir zur physikalischen Ausdeutung übergehen, uns unter den a_l oder besser unter den a_l/N die Häufigkeiten vorstellen, mit denen ein einzelnes System, das in ein großes Wärmebad getaucht ist, im Zustand ε_l angetroffen wird, während U die mittlere Energie des Systems unter diesen Bedingungen ist.

Wir wenden nun unsere Ergebnisse (2.6) auf drei verschiedene (Gesamtheiten solcher) Systeme an, nämlich

$$\left.\begin{array}{llll} & A & B & A + B, \\ \text{Niveaus:} & \alpha_k & \beta_m & \varepsilon_l = \alpha_k + \beta_m . \end{array}\right\} \tag{2.7}$$

Damit meinen wir, daß im ersten und zweiten Fall die einzelnen Elemente irgendwelche zwei verschiedene Systeme der allgemeinen Art sein sollen, die wir bisher betrachtet haben, während im dritten Fall das einzelne Element aus einem System A und einem System B bestehen soll, die in schwachen Energiekontakt gebracht worden sind, so daß im dritten Fall das allgemeine Energieniveau gleich der Summe aus irgendeinem α_k und irgendeinem β_m ist (wobei der Index l eigentlich an Stelle des Indexpaares (k, m) steht). Ein Augenblick Überlegung zeigt, daß im dritten Fall die Summe in ein Produkt zweier Summen zerfällt, daß also:

$$\sum_l e^{-\mu \varepsilon_l} = \sum_k \sum_m e^{-\mu(\alpha_k + \beta_m)} = \sum_k e^{-\mu \alpha_k} \sum_m e^{-\mu \beta_m} . \tag{2.8}$$

Daher ergibt sich – immer in diesem dritten Fall – aus (2.6) die allgemeine Besetzungszahl a_l (die wir ebensogut mit $a_{(k,m)}$ bezeichnen können) zu

$$a_l \equiv a_{(k,m)} = N \frac{e^{-\mu(\alpha_k + \beta_m)}}{\sum\limits_k e^{-\mu \alpha_k} \sum\limits_m e^{-\mu \beta_m}} . \tag{2.9}$$

Wir sprechen noch weiter von dem dritten Fall und fragen, wie groß die Anzahl der Systeme „$A + B$" ist, wobei A sich auf einem bestimmten Niveau α_k befinden soll? Man findet diese Zahl einfach, indem man (2.9) über alle m summiert. Im Ergebnis hebt sich die Summe $\sum e^{-\mu\beta}$ im Zähler und Nenner weg, und es bleibt

$$\sum_m a_{(k,m)} = N \frac{e^{-\mu\alpha_k}}{\sum_k e^{-\mu\alpha_k}} .$$

Wir sehen also, daß im dritten Fall die gesamte statistische Verteilung der A-Systeme (einschließlich unter anderem des Mittelwertes ihrer Energie) genau die gleiche ist, wie sie in einer A-Gesamtheit (erster Fall) wäre, wofern wir es (durch eine geeignete Wahl von E/N im A-Fall) so einrichten, daß der Wert für μ in beiden Fällen derselbe ist.

Da dieselbe Überlegung auf das System B anwendbar ist, haben wir auf Grund unserer Interpretation folgendes Ergebnis. Bringt man die Systeme A und B in losen Kontakt miteinander und außerdem in ein Wärmebad, so verhält sich jedes von ihnen genau so, als wenn jedes in ein besonderes Wärmebad gebracht worden wäre, vorausgesetzt nur, daß die drei Wärmebäder so gewählt werden, daß die μ-Werte in den drei Fällen gleich sind. Mit anderen Worten, hat man das getan, so ist der zwischen den Systemen hergestellte Energiekontakt überflüssig, und es findet im Durchschnitt keine gegenseitige Beeinflussung oder kein Energieaustausch statt.

Das läßt sich kaum anders deuten, als daß gleiches μ gleiche Temperatur bedeutet. Und da man ein Standardsystem A ein für allemal wählen kann (ein „Thermometer“) und es mit irgendeinem anderen System B in Kontakt bringen kann, so muß μ eine universelle Funktion der Temperatur sein.

Diese Folgerung gewinnt noch erheblich an Sicherheit, wenn wir nun dazu übergehen, genauer zu bestimmen, was für eine Funktion der Temperatur μ ist.

Zu diesem Zweck tun wir gut, uns ein zwar auf der Hand liegendes, aber sehr wichtiges Nebenergebnis unserer vorangegangenen Betrachtungen vor Augen zu halten. Wir haben gesehen, daß im Falle „$A + B$“

$$\sum_l e^{-\mu \varepsilon_l} = \sum_k e^{-\mu \alpha_k} \sum_m e^{-\mu \beta_m}.$$

Daher ist die folgende Funktion von μ, von der wir sehen werden, daß sie sehr wichtig ist, nämlich

$$\log \sum_l e^{-\mu \varepsilon_l} \tag{2.10}$$

(deren Nützlichkeit übrigens aus den letzten Gliedern von (2.6) klar hervorgeht) additiv für zwei Systeme, die in schwachem Energiekontakt stehen. Das ist die naheliegende aber wichtige Feststellung, von der ich oben gesprochen habe.

Welches ist nun die funktionale Beziehung zwischen μ und T?. Um die „wahre“ absolute Temperatur von der großen Zahl ihrer monotonen Funktionen $f(T)$ zu unterscheiden, gibt es, wie wohl bekannt ist, nur ein Kriterium: $1/T$ ist ein universeller integrierender Faktor der infinitesimalen Wärmezufuhr dQ beim thermodynamischen Gleichgewicht – universell, das soll heißen für jedes System. Keine andere Funktion von T hat diese Eigenschaft – dies eben ist die Definition von T (KELVIN).

Um uns dieser Definition zu bedienen, dazu ist unser Modell noch nicht ausreichend. Denn wenn die Beschaffenheit jedes Systems (d.h. seine Niveaus ε_l) ein für allemal festgelegt ist, so hängt alles von einem Parameter ab, von μ oder U – oder T. Bei einer einzigen Veränderlichen aber wird der Begriff des „integrierenden Faktors“ sinnlos, denn zugleich mit dx ist auch jedes $\varphi(x)dx$ „ein vollständiges Differential“. Um also die Temperatur festzulegen, müssen wir den Begriff anderer Parameter einführen oder, was auf dasselbe hinauskommt, den Begriff der von dem System geleisteten Arbeit.

Setzen wir zur Abkürzung

$$\log \sum_l e^{-\mu \varepsilon_l} = F; \tag{2.11}$$

dieser Ausdruck ist als eine Funktion von μ und aller ε_l's anzusehen. Wir schreiben jetzt unter Benutzung von (2.6) eine zweifellos einwandfreie mathematische Beziehung hin, deren physikalische Anwendung sogleich folgen wird:

$$dF = \frac{\partial F}{\partial \mu} d\mu + \sum_l \frac{\partial F}{\partial \varepsilon_l} d\varepsilon_l$$

$$= -U\,d\mu - \frac{\mu}{N} \sum_l a_l\,d\varepsilon_l, \tag{2.12}$$

und daher ist
$$d(F + U\mu) = \mu\left(dU - \frac{1}{N} \sum_l a_l\,d\varepsilon_l\right). \tag{2.13}$$

Wir wenden diese Gleichungen auf den folgenden physikalischen Vorgang an, dem wir unsere Gesamtheit von N System unterwerfen.

Wir nehmen an, daß jedes von ihnen identisch demselben „Mechanismus" unterliegt, Schrauben, Kolben und was sonst es sei, die wir bedienen und dadurch die Beschaffenheit des Systems, d.h. seine Niveaus ε_l verändern können. Das tun wir nun und ändern hierbei natürlich die ε_l's für alle in gleicher Weise, so daß die Bedingung der N identischen Systeme, auf der ja alle unsere Überlegungen beruhen, erhalten bleibt. Außerdem sorgen wir auch noch für eine unmittelbare „Temperaturänderung", indem wir unsere Gesamtheit mit einem großen Wärmebad (der gleichen Temperatur) in Berührung bringen, wobei die Temperatur der ganzen Gesamtheit sich sehr langsam ändert, und dann trennen wir wiederum die Gesamtheit von dem Wärmebad.

Wird nun (2.13) auf diesen Vorgang angewandt, so ist $a_l d\varepsilon_l$ die Arbeit, die wir an den mit diesen a_l Systemen verbundenen Kolben usw. zu leisten haben, um sie von dem alten Niveau ε_l auf das veränderte Niveau $\varepsilon_l + d\varepsilon_l$ zu „heben". $\sum a_l d\varepsilon_l$ ist die Arbeit, welche auf diese Weise an der Gesamtheit geleistet wird, $-\sum a_l d\varepsilon_l$ die Arbeit, welche die Gesamtheit der Systeme leistet, und $-\frac{1}{N}\sum a_l d\varepsilon_l$ die durchschnittliche Arbeit, die eines dieser Systeme leistet. Daher muß die Klammergröße auf der rechten Seite von (2.13), da dU der durchschnittliche Energiezuwachs eines Systems ist, die durchschnittliche Wärmezufuhr dQ darstellen, die das System aufnimmt. Unser μ erweist sich als ein zugehöriger integrierender Faktor. Das allein genügt eigentlich, um zu sagen, daß μ im wesentlichen $1/T$ sein muß, weil es keine andere Funktion von T gibt, welche für jedes System diese Eigenschaft hat. Und somit muß $F + U\mu$ wesentlich die Entropie sein.

Um einen noch unmittelbareren Beweis zu liefern, nennen wir

$$F + U\mu = G. \tag{2.14}$$

Dann ist nach einem allgemeinen mathematischen Satz der Quotient aus den beiden integrierenden Faktoren $1/T$ und μ eine Funktion von G:

$$\frac{1}{T\mu} = \Phi(G). \tag{2.15}$$

Demnach ergibt sich aus (2.13)

$$\varphi(G)\,dG = \frac{dQ}{T} = dS, \tag{2.16}$$

worin S die Entropie bedeutet. Das liefert durch Integration G als irgendeine Funktion von S, etwa

$$G = \chi(S). \tag{2.17}$$

Nun verhält sich nach (2.14), (2.11) und (2.6)

$$G = \log \sum_l e^{-\mu \varepsilon_l} - \mu \frac{\partial}{\partial \mu} \log \sum_l e^{-\mu \varepsilon_l}$$

„additiv", wenn zwei Systeme miteinander verbunden werden (weil der $\log \sum e^{-\mu \varepsilon_l}$ es tut). Bezeichnen wir nun die χ-Funktion von (2.17) mit χ_A für ein System A, mit χ_B für ein System B und mit χ_{AB} für das verbundene System „$A + B$", und bezeichnen wir die Entropie in diesen drei Fällen mit S_A, S_B und S_{AB}, so erhalten wir

$$\chi_A(S_A) + \chi_B(S_B) = \chi_{AB}(S_{AB}).$$

Andererseits ist die Entropie ebenfalls eine additive Funktion oder jedenfalls ist

$$S_{AB} = S_A + S_B + C,$$

wobei C von S_A und S_B unabhängig ist. Demnach ist

$$\chi_A(S_A) + \chi_B(S_B) = \chi_{AB}(S_A + S_B + C).$$

Differenziert man diese Gleichung einmal nach S_A und dann nach S_B und vergleicht die Ergebnisse, so erhält man

$$\chi_A'(S_A) = \chi_B'(S_B) = \text{universeller Konstante}$$
$$= 1/k \text{ (etwa)}.$$

Daher ergibt sich aus (2.17), (2.16) und (2.15)

$$\mu = \frac{1}{k\,T} \tag{2.18}$$

und $$S = k\,G + \text{const.} = k \log \sum_l e^{-\varepsilon_l/k\,T} + \frac{U}{T} + \text{const.}, \tag{2.19}$$

worin die Konstante jedenfalls von T und von den „Parametern" (wie dem Volumen usw.), von denen die ε_l's abhängen, unabhängig ist.

Wir lassen die Konstante fort, wobei wir die Untersuchung darüber, was das bedeutet, zurückstellen.
Dann erhalten wir

$$k \log \sum_l e^{-\varepsilon_l/k\,T} = S - \frac{U}{T} = \Psi. \tag{2.20}$$

Wir haben auf diese Weise eine allgemeine Vorschrift erhalten — die auf alle Fälle (einschließlich der sogenannten „neuen" Statistiken) anwendbar ist — um das thermodynamische Verhalten eines Systems aus seinem Mechanismus abzuleiten.
Sie lautet so: Man bilde die sogenannte Zustandssumme

$$Z = \sum_l e^{-\varepsilon_l/k\,T}. \tag{2.21}$$

Dann ist $k \log Z$ (wobei k die Boltzmannkonstante ist) die negative freie Energie geteilt durch T (wir haben mit Planck den Buchstaben Ψ für diese Funktion eingeführt). Aus den Bemerkungen, die wir zu (2.13) gemacht haben, erkennt man leicht, daß unser $k \log Z$ in jeder Hinsicht die thermodynamische Ψ-Funktion ist nicht nur für Temperaturänderungen, sondern auch für Änderungen der Parameter (wie z. B. des Volumens V), von denen die ε_l abhängen können. Daher findet man die mittleren Kräfte, mit denen das System „die Parameter zu vergrößern strebt" (z. B. den Druck p, falls das Volumen der Parameter ist) durch die aus der Thermodynamik geläufigen Formeln, deren Prototyp

$$p = T\frac{\partial \Psi}{\partial V} = k\,T\frac{\partial}{\partial V}\log\sum_l e^{-\varepsilon_l/kT} \tag{2.22}$$

ist, während die erste Gleichung (2.6)

$$U = -\frac{\partial}{\partial \mu}\log\sum_l e^{-\mu\varepsilon_l} = T^2\frac{\partial \Psi}{\partial T} \tag{2.23}$$

eine ebenso wohlbekannte Formel der allgemeinen Thermodynamik ist. (Bei allen diesen Überlegungen ist Ψ als eine Funktion von T und von solchen Parametern anzusehen wie V, von denen die ε_l abhängen können; makroskopisch müssen diese Parameter die Bedingung erfüllen, daß das System keine mechanische Arbeit leistet, wenn sie konstant gehalten werden.)[1])

Somit gibt die statistische Behandlung, indem sie im Prinzip Ψ als Funktion von T und Parametern wie V liefert, erschöpfende Auskunft über das thermodynamische Verhalten. (Es ist wohl bekannt, daß eine bestimmte thermodynamische Funktion nur dann vollständige Auskunft über das Verhalten eines Systems liefert, wenn sie als Funktion bestimmter Veränderlicher bekannt ist. $\Psi(T, p, \ldots)$ z. B. oder $S(T, V, \ldots)$ tun es nicht, wohl aber etwa $S(U, V, \ldots)$).

---

1) Gegen die Behandlung, die wir hier geboten haben, könnte eingewandt werden, daß es experimentell ebenso undurchführbar ist, solche Parameter wie V genau konstant zu halten, wie es unmöglich ist, eine vollständige Wärmeisolation zu verwirklichen. Eine statistische Behandlung, die statt der V's solche Größen wie p als Parameter einführt, ist durchaus möglich und vielleicht vorzuziehen, aber jedenfalls beträchtlich komplizierter.

Kapitel III

DISKUSSION DES NERNSTSCHEN WÄRMESATZES

Wir wenden uns jetzt der Frage zu, was es bedeutet, daß wir in (2.19) die Konstante gleich Null gesetzt haben. Formal bedeutet es, daß wir in jedem Fall ein bestimmtes Nullniveau für die Entropie annehmen, die auf Grund der elementaren Thermodynamik (wenn wir im Augenblick vom Nernstschen Satz absehen) nur durch die Gleichung

$$d S = \frac{d Q}{T},$$

also nur bis auf eine additive Konstante definiert ist. Außerdem ist aber das so angenommene Nullniveau sehr einfach und allgemein. Schreiben wir ausführlicher

$$S = k \log \sum_l e^{-\varepsilon_l/k T} + \frac{1}{T} \frac{\sum_l \varepsilon_l e^{-\varepsilon_l/k T}}{\sum_l e^{-\varepsilon_l/k T}},$$

so können wir daraus das Verhalten von S bei $T = 0$ entnehmen. Nehmen wir der Allgemeinheit halber an, daß die ersten n Niveaus gleich sind ($\varepsilon_1 = \varepsilon_2 = \ldots = \varepsilon_n$) und die folgenden m Niveaus ebenfalls ($\varepsilon_{n+1} = \varepsilon_{n+2} = \ldots = \varepsilon_{n+m}$), dann können wir, um den Grenzwert zu bestimmen, sicher nach dem $(n + m)$-ten Gliede abbrechen, und wir erhalten

$$S = k \log \left(n e^{-\varepsilon_1/k T} + m e^{-\varepsilon_{n+1}/k T}\right) + \frac{1}{T} \frac{n \varepsilon_1 e^{-\varepsilon_1/k T} + m \varepsilon_{n+1} e^{\varepsilon_{n+1}/k T}}{n e^{-\varepsilon_1/k T} + m e^{-\varepsilon_{n+1}/k T}}.$$

Zieht man in Betracht, daß der zweite Exponentialausdruck in der Nähe der Grenze im Vergleich zum ersten sehr klein wird, so erhält man leicht

$$S = k \log n - \frac{\varepsilon_1}{T} + \frac{k m}{n} e^{-(\varepsilon_{n+1} - \varepsilon_1)/kT} + \frac{\varepsilon_1}{T}$$
$$+ \frac{1}{T} \frac{m}{n} (\varepsilon_{n+1} - \varepsilon_1) e^{-(\varepsilon_{n+1} - \varepsilon_1)/kT}$$

und somit $$\lim_{T=0} S \pm k \log n .$$

Dies aber ist praktisch gleich Null, außer wenn n sehr groß sein sollte. Um ein Beispiel zu geben: Wenn das System aus einem Mol eines Gases bestände (sagen wir, aus L Molekülen) und wenn n nur von der Größenordnung von L wäre, so wäre $k \log L$ praktisch gleich Null, weil die Größenordnung, auf die es in diesem Fall ankommt, kL ($= \mathbf{R} =$ der Gaskonstanten) ist, der gegenüber $k \log L$ verschwindet. Nehmen wir aber an, daß jedes Molekül des Gases zweier verschiedener „niedrigster Zustände" mit genau der gleichen Energie fähig wäre, so hätten wir $n = 2^L$ und $S(0) = kL \log 2 = \mathbf{R} \log 2$, also eine Größe von merklichem Betrag. Die moderne Gastheorie nimmt an, daß dies nicht der Fall ist.

Es ist allgemein bekannt, daß die Annahme $S = 0$ für $T = 0$ für jedes System die übliche und bequemste Art ist, Nernsts berühmten Wärmesatz auszusprechen, der zuweilen auch als der dritte Hauptsatz bezeichnet wird. Haben wir nun durch die Aufstellung der Gleichung (2.19) und durch die folgenden Betrachtungen dieses Abschnittes dem Wärmetheorem eine quantenstatistische Begründung gegeben? Auf den ersten Blick scheint das nicht der Fall zu sein, denn daß wir const. $= 0$ gesetzt haben, war ein völlig willkürlicher Schritt.

Dennoch haben wir sie gegeben. Zwar ist im Gegensatz zu einer oft gehörten Behauptung der Zahlenwert dieser Konstanten belanglos und sogar bedeutungslos. Bedeutsam ist nur, daß es eine Konstante ist, mit anderen Worten, daß jener Teil der Entropie, der bei $T = 0$ nicht verschwindet, von den „Parametern" unabhängig ist. Dies liefert, wie wir gleich sehen werden, die statistische Begründung des Wärmesatzes in jedem besonderen und somit auch im allgemeinen Fall, wofern man nur die „veränderlichen Parameter" in der allgemeinsten Weise gedanklich ausnutzt.

Der mathematische Teil des Beweises ist einfach genug. Da die Konstante von den Parametern unabhängig ist, nähert sich ein und dasselbe System immer demselben Entropiewert, wenn man es bis zum absoluten Nullpunkt abkühlt, gleichviel welche Werte die Parameter haben mögen. Mit anderen Worten, die Entropiedifferenz zweier thermodynamischer Zustände des gleichen Systems, die sich nur durch die Werte der Parameter unterscheiden, nähert sich bei $T = 0$ selbst der Null.

Nun ist aber das Verschwinden dieses Entropieunterschiedes der einzige empirische Inhalt des Nernstschen Theorems. Bei den wirklich wichtigen Anwendungen des Satzes freilich sind die beiden „thermodynamischen Zustände" so sehr voneinander verschieden, daß es eines Augenblicks des Nachdenkens bedarf, um zu erkennen, daß sie aufgefaßt werden können als dasselbe System bei verschiedenen Werten der Parameter.

Ein typischer Fall wäre ein System, das aus L Eisenatomen[1]) und L Schwefelatomen besteht. In einem der beiden thermodynamischen Zustände bilden sie einen festen Körper, nämlich 1 Grammolekül Fe S; im anderen dagegen 1 Grammatom Fe und 1 Grammatom S, die durch ein Diaphragma getrennt sind, so daß sie sich unter keinen Umständen vereinigen können. Die viel niedrigeren Energieniveaus der chemischen Verbindung sind unzugänglich gemacht worden.

In allen solchen Fällen handelt es sich nur darum, daß man an die Möglichkeit glaubt, den einen Zustand in den anderen

1) Unter L verstehen wir die Loschmidtsche Zahl, die oft auch als Avogadrosche Zahl bezeichnet wird. Es ist die Zahl der Moleküle in einem Mol. Wir nennen sie L, weil N bereits verbraucht ist.

durch kleine reversible Schritte überzuführen, so daß das System niemals aus dem Zustand des thermodynamischen Gleichgewichtes herausgerät, auf das sich alle unsere Betrachtungen beziehen. Alle die kleinen, langsamen Schritte dieses Vorganges können dann als kleine langsame Veränderungen gewisser Parameter angesehen werden, wodurch die Werte der ε_l geändert werden. Dann wird sich die „Konstante" bei allen diesen Vorgängen nicht ändern — und unser Ergebnis besteht zu Recht.

In dem erwähnten Beispiel etwa würde man allmählich das Grammolekül Fe S erhitzen, bis es verdampft; dann würde man es weiter erhitzen, bis es beliebig vollständig dissoziiert ist; dann würden die Gase mit Hilfe einer halbdurchlässigen Membran getrennt; dann würden sie einzeln durch Abkühlung kondensiert (natürlich müssen sie dabei durch eine undurchlässige Wand getrennt sein), und dann weiter bis zum Nullpunkt abgekühlt. Wenn man ein- oder zweimal solche Überlegungen sorgfältig angestellt hat, kümmert man sich nicht mehr darum, sie im einzelnen genau durchzudenken, sondern erklärt sie einfach als denkbar — und damit besteht unser Ergebnis zu Recht.

Hat man sich dieses einmal genau durch den Kopf gehen lassen, so ist natürlich der einfachste Weg, es ein für allemal festzulegen, der Entschluß die Konstante in allen Fällen gleich Null zu setzen. Möglicherweise ist das der einzige Weg, um Verwirrung zu vermeiden, es gibt kaum eine Alternative. Dies Nullsetzen aber als das Wesentliche hinzustellen, ist sicher geeignet, seinerseits Verwirrung hervorzurufen und den Punkt zu verdecken, auf den es eigentlich ankommt.

Kapitel IV

BEISPIELE ZUM ZWEITEN KAPITEL

Zunächst eine einfache aber nützliche Anmerkung. Wir haben gesagt, daß

$$Z = \sum_l e^{-\mu \varepsilon_l}$$

„multiplikativ“ ist und daher ist

$$\Psi = k \log Z = k \log \sum_l e^{-\mu \varepsilon_l}$$

nebst allen den anderen thermodynamischen Funktionen streng additiv, wenn das betrachtete System aus zwei oder mehr Systemen in schwacher Energiekoppelung besteht, so daß also seine Niveaus ε_l die Summe von je einem Niveau des ersten Systems (α_k) und einem Niveau des zweiten Systems (β_m) sind usw.

Es ist eine mathematisch triviale, aber physikalisch wichtige Bemerkung, daß sich die gleiche „multiplikative“ oder „additive“ Zusammensetzung ergibt, wenn alle Niveaus ε_l die Summe von zwei oder mehr verschiedenen Arten von Niveaus in allen möglichen Kombinationen sind, auch dann wenn das System selbst nicht wirklich aus zwei oder mehr nebeneinander gelagerten Systemen besteht.

Wenn z. B. das System ein Gasmolekül ist, dessen Energie gleich der Summe aus seiner Translations-, Rotations- und Schwingungsenergie ist, so bestehen auch alle thermodynamischen Funktionen additiv aus einem Translations-, einem Rotations- und einem Schwingungsbeitrag. Für die Rechnung ist der Sachverhalt nicht anders, als gehörten diese drei Typen drei unabhängig nebeneinander angeordneten Systemen an.

Ähnlich kann man bei einem idealen Gas vorgehen (d.h. bei L Molekülen in loser Energiekoppelung), indem man zuerst ein Molekül unter denselben Bedingungen behandelt und dann die thermodynamischen Funktionen mit L multipliziert. Aber das ist natürlich nichts anderes, als eine Anwendung des ursprünglichen Gedankens der „Additivität" auf zwei oder mehr lose gekoppelte Systeme.

Von diesen Bemerkungen läßt sich ein viel ausgedehnterer Gebrauch machen, als es in den folgenden einfachen Beispielen geschieht.

a) Freier Massenpunkt (ideales einatomiges Gas)

Wir geben hier die konventionelle Behandlung des klassischen Massenpunkts wieder. Ohne uns über eine mögliche Quantisierung den Kopf zu zerbrechen, nehmen wir als Niveaus die Zellen des Phasenraumes — des sechsdimensionalen Raumes der

$$x, \quad y, \quad z, \quad p_x, \quad p_y, \quad p_z.$$

Die Energie ist $\frac{1}{2m}(p_x^2 + p_y^2 + p_z^2)$, wenn m die Masse ist. Z ist das *Integral* (das hier an die Stelle der Zustands*summe* tritt) über

$$e^{-\mu/2m\,(p_x^2 + p_y^2 + p_z^2)}\, d\,x\, d\,y\, d\,z\, d\,p_x\, d\,p_y\, d\,p_z\,,$$

erstreckt über den ganzen Phasenraum (μ steht hier als eine Abkürzung für $1/kT$). Das Integral über die ersten drei Variablen ist V, das Volumen, bei den anderen Variablen wird von $-\infty$ bis $+\infty$ integriert. Demnach ist

$$Z = V \iiint\limits_{-\infty}^{+\infty} e^{-\mu/2m\,(p_x^2 + p_y^2 + p_z^2)}\, d\,p_x\, d\,p_y\, d\,p_z\,;$$

mit einer naheliegenden Transformation der Veränderlichen

$$Z = V \left(\frac{2\,m}{\mu}\right)^{\frac{3}{2}} \iiint\limits_{-\infty}^{+\infty} e^{-(\xi^2 + \eta^2 + \zeta^2)}\, d\,\xi\, d\,\eta\, d\,\zeta\,.$$

Das Integral ist eine Konstante, die uns nicht interessiert, da wir uns im Augenblick nur für die Ableitungen des Logarithmus von Z interessieren. Demnach ist

$$\Psi = k \log Z = k \log V + \frac{3k}{2} \log T + \text{const}.$$

Dies gilt für ein Atom. Für L Atome ($kL = \mathbf{R}$) ist

$$\Psi = \mathbf{R} \log V + \tfrac{3}{2} \mathbf{R} \log T + \text{const}.$$

Hieraus schließen wir mit Hilfe von (2.23) und (2.22)

$$U = T^2 \frac{\partial \Psi}{\partial T} = \frac{3}{2} \mathbf{R}\, T, \quad p = T \frac{\mathbf{R}}{V},$$

die bekannten Formeln. Diese Behandlungsart gilt heute als falsch. Die moderne Darstellung geben wir später. Für sie werden die mathematischen Verfahren gebraucht, die wir im nächsten Abschnitt entwickeln werden.

b) Der Planck sche Oszillator

Die Niveaus sind

$$\varepsilon_l = (l + \tfrac{1}{2})\, h\nu \quad (l = 0, 1, 2, 3, \ldots).$$

Daher ist $\displaystyle Z = \sum_{l=0}^{\infty} e^{-\mu h\nu (l + 1/2)} \quad \left(\text{mit } \mu h\nu = \frac{h\nu}{kT} = x\right)$

$$= e^{-\frac{1}{2}x} \sum_{l=0}^{\infty} e^{-lx} = e^{-\frac{1}{2}x} \frac{1}{1 - e^{-x}} = \frac{1}{2 \sinh \frac{1}{2} x}.$$

Daraus folgt $\Psi = k \log Z = -k \log \sinh \frac{1}{2} x - k \log 2$.

$$U = T^2 \frac{\partial \Psi}{\partial T} = -k T^2 \frac{\cosh \frac{1}{2} x}{\sinh \frac{1}{2} x} \frac{1}{2} \left(-\frac{h\nu}{k T^2}\right)$$

$$= \frac{h\nu}{2} \frac{e^{\frac{1}{2}x} + e^{-\frac{1}{2}x}}{e^{\frac{1}{2}x} - e^{-\frac{1}{2}x}} = \frac{h\nu}{2} \frac{e^x + 1}{e^x - 1}$$

$$= \frac{h\nu}{2} + \frac{h\nu}{e^{h\nu/kT} - 1},$$

der wohlbekannte Ausdruck, in dem die „Nullpunktenergie" $\frac{1}{2}h\nu$ gewöhnlich unterdrückt wird.

c) Der Fermi-Oszillator

Dies ist ein besonders einfaches System (das, wie wir später sehen werden, erfunden ist, um die Fermi-Statistik zu formulieren). Es ist ein Ding, das nur zweier Niveaus fähig ist, 0 und ε. Daher ist

$$Z = 1 + e^{-\varepsilon/kT},$$

$$\Psi = k \log(1 + e^{-\varepsilon/kT}),$$

$$U = T^2 \frac{\partial \Psi}{\partial T} = k T^2 \frac{e^{-\varepsilon/kT}}{1 + e^{-\varepsilon/kT}} \frac{\varepsilon}{k T^2}$$

$$= \frac{\varepsilon}{e^{\varepsilon/kT} + 1}.$$

Man vergleiche das mit dem zweiten, dem wichtigen Gliede, auf der rechten Seite der letzten Gleichung des vorhergehenden Absatzes (wobei wir dort $\varepsilon = h\nu$ setzen). Wir sehen einen bemerkenswerten Vorzeichenwechsel ∓ 1 im Nenner. Wir werden später sehen, daß dies den wesentlichen Unterschied zwischen der „Einstein-Bose-Statistik" und der „Fermi-Dirac-Statistik" ausmacht.

Die thermodynamischen Funktionen eines Systems aus L Planckschen Oszillatoren oder aus L Fermi-Oszillatoren erhält man natürlich, wenn man mit L multipliziert.

Kapitel V

SCHWANKUNGEN

Um das „Verfahren der wahrscheinlichsten Verteilung", das wir benutzt haben, und das sich durch seine große Einfachheit empfiehlt, zu einem völlig befriedigenden zu machen, müßte man einen strengen Beweis dafür liefern, daß seine stillschweigende Voraussetzung gerechtfertigt ist, nämlich daß wenigstens im Grenzfall $N \to \infty$ (den wir stets meinen, wenn wir es mit Gibbsschen Gesamtheiten zu tun haben) die Abweichungen von der „wahrscheinlichsten Verteilung" unbedenklich vernachlässigt werden können.

Es lohnt sich wohl, einen sehr plausiblen Beweis anzuführen, obwohl er nicht ganz einwandfrei ist. (Recht gute Lehrbücher stellen ihn als ganz schlüssig hin, indem sie ihn etwas besser bemänteln als ich hier zu tun beabsichtige.)

Wenden wir uns zurück zu den Überlegungen (2.1), (2.2) und (2.3), so bemerken wir, daß der Mittelwert eines beliebigen a_m in allen Verteilungen

$$\bar{a}_m = \frac{\sum a_m P}{\sum P} \tag{5.1}$$

beträgt, wobei die Summen über alle mit (2.3) verträglichen Sätze von Besetzungszahlen zu erstrecken sind, während $a_m P$ im Zähler bedeutet, daß jedes P mit dem besonderen Wert zu multiplizieren ist, den die besondere Besetzungszahl a_m in der zu P gehörigen Verteilung hat.

Nun wollen wir die Definition von P formal ändern, indem wir festsetzen

$$P = \frac{N!}{a_1!\, a_2! \ldots a_m! \ldots}\, \omega_1^{a_1} \omega_2^{a_2} \ldots \omega_m^{a_m} \ldots, \tag{5.2}$$

mit der Abrede, daß die ω's zum Schluß gleich 1 zu setzen sind. Dann läßt sich (5.1) folgendermaßen schreiben:

$$\bar{a}_m = \omega_m \frac{\partial \log \sum P}{\partial \omega_m} \tag{5.3}$$

unter der gleichen Nebenabrede, und es ist

$$\begin{aligned}\overline{a_m^2} &= \frac{\sum a_m^2 P}{\sum P} = \frac{\omega_m}{\sum P} \frac{\partial}{\partial \omega_m}\left(\omega_m \frac{\partial \sum P}{\partial \omega_m}\right) \\ &= \omega_m \frac{\partial}{\partial \omega_m}\left(\frac{\omega_m}{\sum P} \frac{\partial \sum P}{\partial \omega_m}\right) + \left(\frac{\omega_m}{\sum P} \frac{\partial \sum P}{\partial \omega_m}\right)^2.\end{aligned}$$

Daher ergibt sich

$$\begin{aligned}\overline{a_m^2} - (\bar{a}_m)^2 &= \omega_m \frac{\partial}{\partial \omega_m}\left(\omega_m \frac{\partial \log \sum P}{\partial \omega_m}\right) \\ &= \omega_m \frac{\partial \bar{a}_m}{\partial \omega_m}\end{aligned} \tag{5.4}$$

aus (5.3). (Wiederum müssen alle ω_m zum Schluß gleich 1 gesetzt werden.)

All dies ist völlig schlüssig. Aber nun müssen wir uns ein Urteil über $\partial \bar{a}_m / \partial \omega_m$ bilden. D.h. darüber, wie sich $\bar{a}_m$ ändert, wenn ω_m sich ändert. Hierzu ist es nötig, die vorhergehenden Formeln so zu benutzen, daß die ω's nicht gleich 1 sind (mindestens ein ω muß etwas von der 1 abweichen). Nun wird der Ausdruck (5.2) für P in der Tat oft bei solchen Betrachtungen benutzt, wie wir sie im Kapitel II wiedergegeben haben, wobei die ω's die Gewichte bedeuten, die den verschiedenen Niveaus je nach dem Grade ihrer Entartung beigelegt werden. Hätten wir das im Kapitel II ebenfalls getan, so hätte sich ein sehr geringer formaler Unterschied ergeben. Es wären nämlich die $e^{-\mu \varepsilon_l}$ dann stets von ω_l begleitet, d.h. das „wahrscheinlichste" a_m wäre

$$a_m = N \frac{\omega_m e^{-\mu \varepsilon_m}}{\sum_l \omega_l e^{-\mu \varepsilon_l}} \tag{5.5}$$

(anstelle der zweiten Zeile (2.6)).

Auf Grund der letzten Gleichung ist es mindestens naheliegend, daß – wenn nur *ein* ω_m ein wenig von 1 abweicht und alle anderen $\omega_l = 1$ sind – a_m nahezu völlig proportional zu ω_m ist. Gibt man das zu, dann ist die Ansicht, daß im Grenzfall $N \to \infty$

$$\bar{a}_m = a_m$$

ist, widerspruchsfrei (wobei a_m der „wahrscheinlichste" Wert ist). Denn dann gilt wirklich

$$\omega_m \frac{\partial \bar{a}_m}{\partial \omega_m} = \omega_m \frac{\partial a_m}{\partial \omega_m} = a_m = \bar{a}_m \tag{5.6}$$

und

$$\overline{a_m^2} - (\bar{a}_m)^2 = \bar{a}_m \,. \tag{5.7}$$

Das heißt aber, daß die „Dispersion" oder Schwankung „normal" ist und praktisch verschwindet, wenn N und damit alle $\bar{a}_m$ über alle Grenzen wachsen.

In den meisten Anwendungsfällen ist es intuitiv sicher, daß die mittlere Besetzungszahl sehr nahezu dem Gewicht des Niveaus proportional ist, selbst wenn sich das Gewicht eines Niveaus viel stärker ändert, z. B. verdoppelt oder verdreifacht wird. Bei einem großen System bedeutet das in der Tat eine vernachlässigbar kleine Veränderung des Systems als Ganzen; und die zwei oder drei gleichen Niveaus werden zusammen zwei- oder dreimal so viel Elemente der Gesamtheit enthalten. Daß aber unsere Schlüsse nicht ganz streng sind, erkennt man, wenn man die erste Zeile von (5.4) benutzt:

$$\begin{aligned} \overline{a_m^2} - (\bar{a}_m)^2 &= \omega_m \frac{\partial \log \sum P}{\partial \omega_m} + \omega_m^2 \frac{\partial^2 \log \sum P}{\partial \omega_m^2} \\ &= \bar{a}_m + \omega_m^2 \frac{\partial^2 \log \sum P}{\partial \omega_m^2} \,. \end{aligned} \tag{5.8}$$

Hier sehen wir das Zusatzglied, das wir vernachlässigt haben. (Es würde genügen, zu zeigen, daß es entweder negativ oder höchstens von der Größenordnung von $\bar{a}_m$ ist.)

Als Beispiel eines Systems, für welches die Gleichung (5.7) versagt — wenn es auch trivial und die Dispersion noch kleiner ist — kann uns ein einzelner Fermi-Oszillator dienen (er bildet das System, N solcher Oszillatoren bilden die Gibbssche Gesamtheit). In diesem Fall haben wir

$$P = \frac{N!}{a_0!\, a_1!} \tag{5.9}$$

mit $a_0 + a_1 = N$ und $0 \cdot a_0 + \varepsilon a_1 = E$,

woraus folgt $a_1 = \frac{E}{\varepsilon}$ und $a_0 = N - \frac{E}{\varepsilon}$.

Daher sind die Verteilungszahlen festgelegt und die Dispersion ist genau Null. Man sieht leicht, daß, auch wenn wir das einzelne System aus zwei oder vier oder fünf Fermi-Oszillatoren bestehen lassen, die Beziehung (5.7) noch nicht genau gelten würde, sondern nur größenordnungsmäßig.

Die Mittelwertsmethode des nächsten Kapitels wird zu einem anderen Nachweis für diese Größenordnungsbeziehung führen, d.h. für das Verschwinden der Dispersion oder Schwankung im Grenzfall $N \to \infty$.

Von diesen (im Grenzfall verschwindenden) Schwankungen in der Zusammensetzung der Gibbsschen Gesamtheit sind sorgfältig die Schwankungen innerhalb des Bestandes der Gesamtheit zu unterscheiden, für welche die Gesamtheit selbst gerade die genaue Darstellung ist, indem diese Gesamtheit Systeme in allen möglichen Zuständen $\varepsilon_1, \varepsilon_2 \ldots, \varepsilon_l$ enthält.

Der einfachste und gleichzeitig ein sehr wichtiger Fall ist die Schwankung der Energie — jene einfache Tatsache, daß die einzelnen Systeme verschiedene Energien $\varepsilon_1, \varepsilon_2, \ldots, \varepsilon_l \ldots$

haben, die nicht alle gleich U sind. Nun hatten wir bereits die Gleichung[1])

$$U = \frac{\sum \varepsilon_l e^{-\mu \varepsilon_l}}{\sum e^{-\mu \varepsilon_l}} = \bar{\varepsilon}_l \quad \left(\mu = \frac{1}{kT}\right).$$

Differenziert man dies nach μ (wobei die ε_l's konstant zu halten sind, d.h. also „ohne äußere Arbeit"), so ergibt sich

$$\frac{\partial U}{\partial \mu} = - \frac{\sum \varepsilon_l^2 e^{-\mu \varepsilon_l}}{\sum e^{-\mu \varepsilon_l}} = \left(\frac{\sum \varepsilon_l e^{-\mu \varepsilon_l}}{\sum e^{-\mu \varepsilon_l}}\right)^2,$$

und daraus erhält man

$$\overline{\varepsilon_l^2} - (\bar{\varepsilon}_l)^2 = - \frac{\partial U}{\partial \mu} = k T^2 \frac{\partial U}{\partial T}$$

oder

$$\sqrt{\{\overline{\varepsilon_l^2} - (\bar{\varepsilon}_l)^2\}} = \sqrt{(kT \cdot CT)}, \tag{5.10}$$

worin wir die Bezeichnung $C = \frac{\partial U}{\partial T}$ für die Wärmekapazität „ohne äußere Arbeit" eingeführt haben.

Gleichung (5.10) für die „mittlere quadratische Schwankung" hat eine sehr anschauliche Bedeutung. Für viele makroskopische Systeme kann CT bei nicht zu tiefer Temperatur ungefähr als der „Wärmeinhalt" angesehen werden, und dieser ist grob gesprochen von der Ordnung nkT, wobei n die Anzahl der Freiheitsgrade des Systems ist. Wir sehen, daß in diesen Fällen die Schwankung ungefähr von der Größenordnung $kT\sqrt{n}$ ist, was für den Statistiker sehr einsichtig ist.

„Ohne äußere Arbeit", das bedeutet in der Regel, daß die „Parameter von der Art des Volumens konstant gehalten werden". Ich habe es in dieser Weise ausgedrückt, um einen interessanten Fall mit „unendlicher" Wärmekapazität und daher „unendlichen" Schwankungen mit einschließen zu können.

---

1) Der Strich in den Symbolen ($\bar{\varepsilon}_l$) hat jetzt eine ganz andere Bedeutung, was wir den Leser zu beachten bitten, ohne daß wir eine abweichende Schreibweise einführen.

Schließt man eine Flüssigkeit mit darüber befindlichem gesättigtem Dampf in einen Zylinder ein, der durch einen Kolben verschlossen wird, der mit einem Gewicht zum Ausgleich des Dampfdruckes belastet ist — der Kolben möge dabei reibungslos im Zylinder gleiten — und bringt das Ganze in ein Wärmebad, dann kann man den Kolben und das Gewicht zu dem, was man als das System bezeichnet, hinzurechnen, und es wird daher keine „äußere" Arbeit geleistet, auch wenn der Kolben sich bewegt. Unter diesen Umständen ist $C = \infty$, weil Wärme, die vom System aufgenommen oder abgegeben wird, seine Temperatur nicht ändert, sondern je nachdem Verdampfung oder Kondensation hervorgerufen wird. Es ist demnach jeder Schwankungsbetrag zu erwarten, bis entweder die ganze Substanz kondensiert oder verdampft ist.

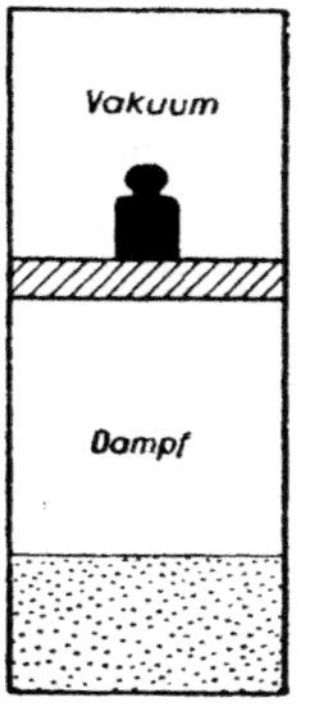

Abb. 1

Kapitel VI

DIE MITTELWERTMETHODE

Wir nehmen das Problem des Kapitels II aus mehreren Gründen nach einem neuen Verfahren auf. Erstens weil die Betrachtungen des Kapitels V das „Verfahren der wahrscheinlichsten Verteilung" nicht völlig schlüssig zu machen vermochten. Das Verfahren, von dem ich jetzt sprechen will, das wir Darwin und Fowler verdanken, erscheint manchem Gelehrten überzeugender, vielleicht sogar völlig exakt. Zweitens ist es stets reizvoll und aufklärend zu sehen, daß genau dieselben Ergebnisse auf Grund sehr verschiedenartiger Überlegungen zu gewinnen sind, besonders wenn es sich um einen sehr allgemeinen Satz von grundlegender Bedeutung handelt. Drittens wird sich das hier entwickelte mathematische Verfahren als sehr nützlich auch bei anderen Anwendungen erweisen.

Unser Ziel ist es, die Mittelwerte der a_l in der Gibbsschen Gesamtheit wirklich zu berechnen, wie es in (5.1) angegeben ist. Wir bedienen uns des in (5.2), (5.3) und (5.4) auseinander gesetzten Verfahrens, infolge dessen alles, was wir zu wissen wünschen, auf die Kenntnis der einen Größe

$$\sum P = \sum_{(a_l)} \frac{N!}{a_1!\, a_2! \ldots a_l! \ldots}\, \omega_1^{a_1} \omega_2^{a_2} \ldots \omega_l^{a_l} \ldots, \tag{6.1}$$

reduziert ist, wobei die Summe über alle Gruppen von a_l zu erstrecken ist, die (2.3) genügen. Diese Summe auszurechnen ist daher alles, was wir zu tun haben.

Wäre die einzige Bedingung, die wir den a_l auferlegen, $\sum a_l = N$, so ließe sich diese Aufgabe sofort nach der Polynomformel lösen, und die Summe wäre

$$(\omega_1 + \omega_2 + \omega_3 + \cdots + \omega_l + \cdots)^N,$$

wenigstens formal (man müßte die Reihe der Niveaus bei irgendeinem sehr hohen Niveau abschneiden, um ein endliches Ergebnis zu erhalten). Die zweite Bedingung $\sum a_l \varepsilon_l = E$ begrenzt die Zahl der Glieder in (6.1) automatisch, weil kein Niveau $\varepsilon_l > E - (N-1)\varepsilon_1$ auftreten kann, aber gleichzeitig bildet es die wirkliche Schwierigkeit des Problems, die darin besteht, nur die Glieder auszuwählen, die dieser Bedingung ebenfalls genügen.

Um damit fertig zu werden, benutzen wir den folgenden Kunstgriff. Wir berechnen die folgende Summe, ohne die zweite einschränkende Bedingung

$$\begin{aligned}
&\sum P z^{a_1 \varepsilon_1 + a_2 \varepsilon_2 + \cdots + a_l \varepsilon_l + \cdots} \\
&= \sum \frac{N!}{a_1!\, a_2! \ldots a_l! \ldots} \left(\omega_1 z^{\varepsilon_1}\right)^{a_1} \left(\omega_2 z^{\varepsilon_2}\right)^{a_2} \cdots \left(\omega_l z^{\varepsilon_l}\right)^{a_l} \cdots \\
&= \left(\omega_1 z^{\varepsilon_1} + \omega_2 z^{\varepsilon_2} + \cdots + \omega_l z^{\varepsilon_l} + \cdots\right)^N = f(z)^N,
\end{aligned} \tag{6.2}$$

wobei
$$f(z) = \omega_1 z^{\varepsilon_1} + \omega_2 z^{\varepsilon_2} + \cdots + \omega_l z^{\varepsilon_l} + \cdots \tag{6.3}$$

Wenn wir nun annehmen, daß alle ε_l und E ganzzahlig sind, dann ist die $\sum P$, die wir brauchen, offenbar der Koeffizient von z^E in der Funktion (6.2) von z; sie ließe sich nach dem Residuenverfahren in der komplexen z-Ebene berechnen.

Um dies durchzuführen, müssen wir — und hier haben wir es mit dem erwähnten Kunstgriff zu tun — erklären, daß wir von allem Anfang an die Einheit der Energie so klein gewählt haben, daß wir mit jeder beliebigen Genauigkeit alle Energieniveaus ε_l und die vorgeschriebene Gesamtenergie E als ganzzahlige Vielfache dieser Einheit betrachten können — oder vorsichtiger ausgedrückt, sie durch ganzzahlige Vielfache dieser Einheit ersetzen können, ohne das physikalische Problem merklich zu ändern. Natürlich gibt es Fälle, wo dieses unmöglich erscheinen möchte, besonders dann, wenn die Niveaus ε_l sich unendlich dicht um irgendeine endliche Energie ε drängen, wie es z. B. bei den Elektronenniveaus im Wasserstoffatom im freien Raum der Fall ist. Solche Fälle wollen wir ausschließen, da sie, wie sich zeigen läßt, keiner statistischen Behandlung ohne besondere Vorsichtsmaßregeln zugänglich sind. (Das Wasserstoffatom müßte z. B. in eine große, aber endliche Hülle eingeschlossen werden, welche das Elektron zu verhindern hätte, ins Unendliche zu entweichen.)

Es ist bequem, zwei weitere einschränkende Bedingungen über die ε_l zu machen. Erstens, wenn $\varepsilon_1 \neq 0$, benutzen wir die Niveaus $0, \varepsilon_2 - \varepsilon_1, \varepsilon_3 - \varepsilon_1, \ldots, \varepsilon_l - \varepsilon_1, \ldots$ anstelle von $\varepsilon_1, \varepsilon_2, \ldots, \varepsilon_l, \ldots$ und ersetzen gleichzeitig E durch $E - N\varepsilon_1$. Ein Blick auf (6.3) und die folgende Formel (6.4) zeigt, daß dies keinen Unterschied macht, es ist nur bequemer für unsere mathematische Ausdrucksweise. Der Einfacheit halber nehmen wir an, daß $\varepsilon_1 = 0$. Zweitens nehmen wir an, daß die ε_l's keinen gemeinsamen Teiler haben. Das läßt sich stets erreichen. Denn hätten sie einen gemeinsamen Teiler, so müßte er auch ein Teiler von E sein, wenn die Bedingung $\sum a_l \varepsilon_l = E$ genau erfüllt werden soll. Wenn also r der größte gemeinsame Teiler ist, so wählen wir die Energieeinheit r mal so groß, wodurch der Teiler entfernt wird, aber alle Werte ganzzahlig bleiben.

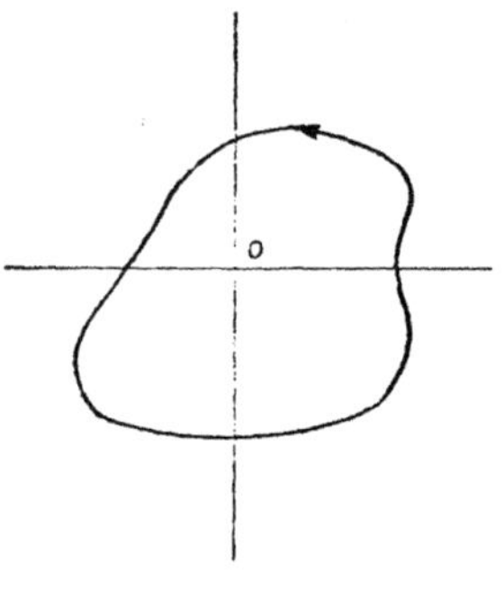

Abb. 2

Ist dies einmal zugestanden, so ist die Lösung einfach und naheliegend

$$\sum P = \frac{1}{2\pi i} \oint z^{-E-1} f(z)^N \, dz, \qquad (6.4)$$

wobei die Integration über irgendeine geschlossene Kurve rings um den Ursprung in der komplexen z-Ebene auszuführen ist — und der Einfachheit halber innerhalb des Konvergenzkreises von $f(z)$, um zu vermeiden, daß eine analytische Fortsetzung gebraucht wird.

Das Integral wird nach der Sattelpunktmethode berechnet. Betrachten wir nun das Verhalten des Integranden, wenn wir von 0 bis unendlich auf der reellen positiven Achse fortschreiten, und denken dabei daran, daß in (6.3) alle ω_l's letzten Endes doch gleich 1 werden und daß $0 = \varepsilon_1 \leqq \varepsilon_2 \leqq \varepsilon_3 \ldots$ Der erste Faktor des Integranden, also z^{-E-1}, beginnt mit einem unendlichen, positiven Wert und fällt schnell und monoton ab. Der zweite Faktor, also $f(z)^N$, beginnt bei $z = 0$ mit dem Wert 1, wächst monoton und strebt ins Unendliche, wenn z den Konvergenzkreis von $f(z)$ irgendwo erreicht. Ferner wird die relative Abnahme des ersten Faktors, also

$$\frac{E+1}{z},$$

selbst wieder monoton von $+\infty$ für $z = 0$ bis 0 für $z = \infty$ kleiner; die relative Zunahme des zweiten Faktors, also

$$N\frac{f'(z)}{f(z)} = N\frac{\sum\limits_l \varepsilon_l z^{\varepsilon_l}}{\sum\limits_l z^{\varepsilon_l}},$$

zeigt das entgegengesetzte Verhalten. Sie ist Null bei $z = 0$ und wächst monoton. In der Tat ist

$$\frac{d}{dz}\left(N\frac{f'(z)}{f(z)}\right) = N\frac{\sum\limits_l \varepsilon_l^2 z^{\varepsilon_l}\sum\limits_k z^{\varepsilon_k} - \left(\sum\limits_m \varepsilon_m z^{\varepsilon_m}\right)^2}{\left(\sum\limits_s z^{\varepsilon_s}\right)^2}.$$

Hier läßt sich der Zähler folgendermaßen schreiben

$$\sum_l z^{\varepsilon_l}\left(\varepsilon_l\sqrt[+]{\left(\sum_k z^{\varepsilon_k}\right)} - \frac{\sum\limits_m \varepsilon_m z^{\varepsilon_m}}{\sqrt[+]{\left(\sum\limits_k z^{\varepsilon_k}\right)}}\right)^2 > 0,$$

woraus hervorgeht, daß er positiv ist.

Unter diesen Umständen kann der Integrand ein und nur ein Minimum (und kein anderes Extremum) innerhalb des Konvergenzkreises von $f(z)$ haben. Und es ist zu erwarten (später werden wir es zeigen), daß das Minimum sehr steil ist, wenn man bedenkt, daß beide Exponenten, d.h. $E + 1$ und N, sehr große Zahlen sind. Denn was wir in Wirklichkeit immer im Sinne haben, ist der Übergang zu den Grenzen $N \to \infty$, $E \to \infty$, wobei das Verhältnis E/N konstant gehalten wird, da es die mittlere Energie ist, die einem System der Gesamtheit zur Verfügung steht.

Mit anderen Worten, an diesem Punkt der reellen positiven Achse (den wir für den Augenblick z_0 nennen wollen, während wir später den Index Null wieder fallen lassen werden) verschwindet die erste Ableitung des Integranden und die zweite muß positiv sein, und man kann vorhersehen, daß sie sehr groß sein wird. Schreitet man also von diesem Punkt aus senkrecht zur reellen Achse vorwärts, wobei der Zuwachs rein imaginär ist, so wird der Integrand anfänglich reell bleiben und ein außerordentlich scharfes Maximum zeigen. Wir wählen nun in (6,4) als Integrationsweg einen Kreis um O als Mittelpunkt, der durch den Punkt $z = z_0$ hindurchgeht, und hoffen, daß nur die unmittelbare Nachbarschaft dieses sehr steilen Maximums wesentlich zu dem Integralwert beiträgt. Wir werden das hernach beweisen.

Zuerst bestimmen wir den Wert von z_0 aus dem Verschwinden der ersten Ableitung und bestimmen den Wert der zweiten Ableitung bei $z = z_0$. Es ist bequem, logarithmische Ableitungen zu benutzen. Wir setzen auf der reellen positiven Achse

$$z^{-E-1} f(z)^N = e^{g(z)} \tag{6.5}$$

(wobei wir natürlich für $g(z)$ den Hauptwert nehmen, d.h. den reellen Wert). Dann bestimmt sich z_0 aus

$$g'(z_0) = -\frac{E+1}{z_0} + N\frac{f'(z_0)}{f(z_0)} = 0; \tag{6.6}$$

und ferner ist
$$g''(z_0) = \frac{E+1}{z_0^2} + N\left(\frac{f''(z_0)}{f(z_0)} - \frac{f'(z_0)^2}{f(z_0)^2}\right). \tag{6.7}$$

Das zeigt 1. daß bei sehr großem E und N das z_0 sich nicht ändern wird, wenn man E und N einander proportional zunehmen läßt; 2. daß folglich $g''(z_0)$ sich in diesem Fall proportional zu E und N ändern wird und in der Tat so groß gemacht werden kann, wie man will (daß es positiv ist, braucht nicht untersucht zu werden, da sich das aus unserer allgemeinen Überlegung ergeben hat).

Daher kann für einen sehr kleinen, rein imaginären Zuwachs iy von z in der Nähe von $z = z_0$ der Integrand in der Form

$$z_0^{-E-1}(f(z_0))^N e^{-\frac{1}{2}y^2 g''(z_0)+\cdots} \tag{6.8}$$

geschrieben werden, und der benachbarte Teil des Integrationskreises wird (und zwar mit beliebiger Genauigkeit, wenn $g''(z)$ durch Vergrößerung von N hinreichend groß gemacht wird) ergeben:

$$[\sum P] = \frac{1}{2\pi i} z_0^{-E-1} f(z_0)^N \int_{-\infty}^{+\infty} e^{-\frac{1}{2}y^2 g''(z_0)}\, i\,dy$$

$$= z_0^{-E-1} f(z_0)^N \frac{1}{\sqrt{2\pi g''(z_0)}}. \tag{6.9}$$

Wir haben $\sum P$ in Klammern eingeschlossen, weil noch zu zeigen übrigbleibt, daß dies alles ist, daß der Beitrag des übrigen Kreises für großes N vernachlässigt werden kann.

[1]) [Der intuitive Grund dafür, daß es so ist, liegt darin, daß die einzelnen Glieder der Reihe (6.3), die sich auf der reellen Achse alle gegenseitig „verstärken", um den Anfangspunkt mit verschiedenen Geschwindigkeiten „rotieren", wenn z sich längs des Kreises bewegt, und zwar mit Geschwindigkeiten, welche die verschiedenen ganzen Zahlen ε_l vorschreiben. Das hat zur Folge, daß (außerhalb der unmittelbaren Nachbarschaft von $z = z_0$, die schon berücksichtigt ist) $f(z)$ im allgemeinen viel kleiner sein wird als $f(z_0)$. Nun ist das Verhältnis des absoluten Betrages des

---

1) Der Leser mag die Lektüre des folgenden in [ ] eingeschlossenen langatmigen Beweises an beliebiger Stelle unterbrechen.

Integranden an einer willkürlichen Stelle z des Kreises zu dem bei $z = z_0$

$$\left\{\frac{|f(z)|}{f(z_0)}\right\}^N, \tag{6.10}$$

und das wird für großes N beliebig klein auch noch im Vergleich zum letzten Faktor in (6.9), also zu $(2\pi g''(z_0))^{-\frac{1}{2}}$, der selbst klein ist, aber nur von der Ordnung $N^{-\frac{1}{2}}$. Damit der Schluß streng wird, haben wir zu zeigen, daß der maximale Wert von $|f(z)|$, nennen wir ihn M, jedenfalls kleiner ist als $f(z_0)$:

$$M < f(z_0). \tag{6.11}$$

Denn dann ist der Beitrag des übrigen Teiles des Kreises zum absoluten Betrag des Integrals sicherlich nicht größer als

$$\frac{1}{2\pi} z_0^{-E} M^N 2\pi = z_0^{-E} f(z_0)^N \left(\frac{M}{f(z_0)}\right)^N, \tag{6.12}$$

und dies ist für $N \to \infty$ im Vergleich zu (6.9) zu vernachlässigen.

Um (6.11) zu beweisen, bemerken wir, daß die Gleichheit $M = f(z_0)$ nur auftreten könnte, wenn an einer von z_0 deutlich verschiedenen Stelle z alle Glieder von (6.3) sich wieder gegenseitig verstärkten. Da aber das erste Glied reell und positiv ist ($\varepsilon_1 = 0$), müßten sie dort alle reell und positiv sein. Nun möge $\Phi(\leqq 2\pi)$ der Phasenwinkel an dieser Stelle sein. Dann müßten alle Produkte

$$\varepsilon_1\Phi, \quad \varepsilon_2\Phi, \quad \ldots, \quad \varepsilon_l\Phi, \quad \ldots,$$

ganzzahlige Vielfache von 2π sein und alle ganzen Zahlen ε_l ganzzahlige Vielfache von $2\pi/\Phi$, etwa

$$\varepsilon_l = n_l \frac{2\pi}{\Phi}.$$

Das aber kann nicht sein, wenn nicht $\Phi = 2\pi$ (d. h. bei $z = z_0$). Denn wenn $2\pi/\Phi > 1$ wäre, so müßte es ein rationaler Bruch

p/q mit einem Zähler größer als 1 sein, selbst wenn p und q relativ prim wären. p wäre dann ein gemeinsamer Teiler aller ε_l, und das widerspricht der Annahme, daß es keinen solchen gibt.

Dieser Beweis ist ziemlich künstlich und für den Physiker nicht sehr befriedigend, weil dieser kaum geneigt sein wird, zu glauben, daß ein einziges Niveau ε_l imstande sein sollte, den ganzen Aufbau umzuwerfen. Was in der Tat geschehen könnte, wäre dies, daß alle mit Ausnahme eines einzigen einen ziemlich großen gemeinsamen Teiler p hätten, der sich nicht beseitigen läßt, weil das eine ε_l ihn nicht besitzt. Es ist daher gut, uns zu vergewissern, daß sogar ein einziger solcher ‚Eigenbrötler' verhindern würde, daß das Maximum M an $f(z_0)$ beliebig nahe herankommt. Da ja nicht alle ε_l einen gemeinsamen Teiler haben sollen, so müssen sie diese Eigenschaft (nämlich die Eigenschaft, keinen gemeinsamen Teiler zu haben) an einem bestimmten Punkt der Reihe, etwa bei ε_m, erreichen. Der angenommene Eigenbrötler kann dann nur für ein $\varepsilon_l \leqq \varepsilon_m$ auftreten, und das bildet dann auch für den vorausgesetzten gemeinsamen Teiler p der übrigen ε_l eine obere Schranke. Das nicht ganz reelle Glied der Reihe hätte in diesem Fall mindestens den Phasenwinkel $2\pi/p$ und hätte daher die Form

$$\omega_l z_0^{\varepsilon_l} e^{2\pi i/p} .$$

Das bewirkt offenbar einen endlichen Unterschied zwischen $|f(z)|$ und $|f(z_0)|$, obwohl der Unterschied ziemlich klein sein kann, wenn ε_l und p einigermaßen groß sind; allein der Übergang zur Grenze $N \to \infty$ in (6.10) oder (6.12) muß das Übrige tun].

Jetzt wollen wir zu unsern wesentlichen Ergebnissen (6.6), (6.7) und (6.9) zurückkehren. Wenn wir sie jetzt noch einmal hinschreiben, so lassen wir der Kürze halber den Index bei z fort, weil kein anderer Wert als dieser *eine* reelle und positive Wert von z uns interessiert, und wir daher mit z in (6.3) eben diesen Wert bezeichnen. Stellen wir also unsere Ergebnisse zusammen, so haben wir

$$f(z) = \omega_1 z^{\varepsilon_1} + \omega_2 z^{\varepsilon_2} + \cdots + \omega_l z^{\varepsilon_l} + \cdots, \tag{6.13}$$

$$g'(z) = -\frac{E+1}{z} + N\frac{f'(z)}{f(z)} = 0, \tag{6.14}$$

$$g''(z) = \frac{E+1}{z^2} + N\left(\frac{f''(z)}{f(z)} - \frac{f'(z)^2}{f(z)^2}\right), \tag{6.15}$$

$$\sum P = z^{-E-1} f(z)^N \frac{1}{\sqrt{2\pi g''(z)}}, \tag{6.16}$$

$$\log \sum P = -(E+1)\log z + N \log f(z) = \tfrac{1}{2}\log(2\pi g''(z)). \tag{6.17}$$

Es wird sich zeigen, daß man auch das letzte Glied in der letzten Formel vernachlässigen kann, und wir könnten es vollends fallen lassen, weil es nur von der Größenordnung von $\log N$ ist. Um aber sicher zu gehen, behalten wir es noch eine Weile bei.

Aus (5.3) gewinnen wir die mittleren Besetzungszahlen

$$\bar{a}_l = \omega_l \frac{\partial \log \sum P}{\partial \omega_l} = \omega_l\, g'(z)\, \frac{\partial z}{\partial \omega_l} + \frac{\omega_l N z^{\varepsilon_l}}{f(z)} - \frac{1}{2}\frac{\partial}{\partial \omega_l} \log g''(z). \tag{6.18}$$

Das erste Glied ist Null wegen (6.14) (aber natürlich mußten wir die implizite Abhängigkeit des z von ω_l berücksichtigen). Was das letzte Glied betrifft, so wollen wir die mittlere Energie einführen

$$\frac{E}{N} = U, \tag{6.19}$$

die sich bei dem Grenzübergang $N \to \infty$, $E \to \infty$ nicht ändert. Dann geht (6.15) über in

$$g''(z) = N\left(\frac{U}{z^2} + \frac{f''}{f} - \frac{f'^2}{f^2}\right). \tag{6.20}$$

Damit ist auch das letzte Glied in (6.18) konstant beim Grenzprozeß, und wir erhalten (wenn wir nach unserer Vereinbarung alle $\omega_l = 1$ setzen)

$$\bar{a}_l = N \frac{z^{\varepsilon_l}}{z^{\varepsilon_1} + z^{\varepsilon_2} + \cdots + z^{\varepsilon_l}}. \tag{6.21}$$

Die Gleichung (6.14), die das z bestimmt, kann unter Benutzung von (6.19), und wenn alle ω's gleich 1 gesetzt werden, folgendermaßen geschrieben werden

$$U = \frac{\varepsilon_1 z^{\varepsilon_1} + \varepsilon_2 z^{\varepsilon_2} + \cdots + \varepsilon_l z^{\varepsilon_l} + \cdots}{z^{\varepsilon_1} + z^{\varepsilon_2} + \cdots + z^{\varepsilon_l} + \cdots}. \tag{6.22}$$

Die letzten beiden Gleichungen sind, wenn wir

$$\log z = -\mu \tag{6.23}$$

setzen, eine identische Wiederholung der grundlegenden Beziehungen (2.6), auf denen wir die thermodynamische Theorie von jener Stelle an aufgebaut haben. Nur sind jetzt die Mittelwerte $\bar{a}_l$ an die Stelle der wahrscheinlichsten Werte getreten. Unser $f(z)$ spielt jetzt die Rolle der Zustandssumme. Somit können wir mit Recht behaupten, daß wir die Theorie auf eine zweite unabhängige Weise begründet haben. Sehen wir einmal zu, was wir jetzt für die Schwankung von $\bar{a}_l$ aus (5.4) erhalten. Mit Hilfe von (6.18) haben wir zu bilden

$$\overline{a_l^2} - (\bar{a}_l)^2 = \omega_l \frac{\partial}{\partial \omega_l} \left\{ \omega_l\, g'(z) \frac{\partial z}{\partial \omega_l} + \frac{\omega_l N z^{\varepsilon_l}}{f(z)} - \frac{1}{2} \frac{\partial}{\partial \omega_l} \log g''(z) \right\}.$$

Hier gibt das erste Glied nichts, weil $g'(z) = 0$ nach (6.14) identisch in ω_l gelten soll. Das letzte Glied kann fallen gelassen werden, weil ihm in N keine Ordnung zukommt und nur Glieder von der Ordnung N erhalten bleiben. Differenziert man das mittlere Glied, so müssen wir wiederum berücksichtigen, daß z von ω_l abhängt (obwohl in der Regel nur wenig und nach (6.14) und (6.19) in einer Art, die nicht von N abhängt). Wir erhalten also

$$\overline{a_l^2} - (\bar{a}_l)^2 = \omega_l N \frac{z^{\varepsilon_l}}{f(z)} + \omega_l^2 N \left\{ \frac{\partial z}{\partial \omega_l} \left(-\frac{z^{\varepsilon_l} f'(z)}{f(z)^2} + \frac{\varepsilon_l z^{\varepsilon_l - 1}}{f(z)} \right) - \frac{z^{2\varepsilon_l}}{f(z)^2} \right\}.$$

Setzen wir alle ω's gleich 1 und benutzen (6.14), (6.19) und (6.21), so erhalten wir leicht

$$\overline{a_l^2} - (\bar{a}_l)^2 = \bar{a}_l \left[1 + (\varepsilon_l - U) \frac{\partial \log z}{\partial \omega_l} - \frac{\bar{a}_l}{N} \right]. \tag{6.24}$$

Da die eckigen Klammern bestimmt kein Glied der Ordnung N enthalten, so ist die mittlere quadratische Abweichung, wenn nicht genau „normal", so doch sicher „von normaler Größenordnung", d.h. von der Ordnung der $\bar{a}_l$. Demnach nähert sich die relative Schwankung der Null, wenn N und alle $\bar{a}_l$ gegen Unendlich streben. Die Verteilung wird unendlich scharf. Die Mittelwerte, die wahrscheinlichsten Werte und überhaupt alle Werte, die mit nicht verschwindender Wahrscheinlichkeit auftreten, gehen sämtlich in einander über.

Aber es ist möglich und recht aufklärend (wenn auch nicht sehr wichtig), das Mittelglied in (6.24) genau auszuwerten. Es zeigt sich, daß es stets negativ ist, so daß die Schwankungen infra-normal sind. Für diesen Zweck ist es etwas bequemer, die z-Schreibweise aufzugeben und an ihrer Stelle die μ- oder die T-Schreibweise nach (6.23) einzuführen:

$$\log z = -\mu = -\frac{1}{kT}.$$

Demnach ist $$\frac{\partial \log z}{\partial \omega_l} = -\frac{\partial \mu}{\partial \omega_l} \left(= \frac{1}{kT} \frac{\partial \log T}{\partial \omega_l}\right).$$

Diese Abhängigkeit des μ von einem ω_l muß nach (6.14) berechnet werden, wofür man schreiben kann

$$U = \frac{\sum \varepsilon_l \omega_l e^{-\mu \varepsilon_l}}{\sum \omega_l e^{-\mu \varepsilon_l}}.$$

Dabei ist angenommen, daß $U = \text{const}$. Daher also

$$d \log U = \frac{d s_1}{s_1} - \frac{d s_0}{s_0} = 0,$$

wobei wir zur Abkürzung setzen

$$s_k = \sum \varepsilon_l^k \omega_l e^{-\mu \varepsilon_l}.$$

Nun ist (wenn wir nur μ und ein ω_l sich ändern lassen)

$$d s_1 = \varepsilon_l e^{-\mu \varepsilon_l} d\omega_l - s_2 d\mu, \quad d s_0 = e^{-\mu \varepsilon_l} d\omega_l - s_1 d\mu.$$

Daher $$\frac{\varepsilon_l e^{-\mu \varepsilon_l} d\omega_l - s_2 d\mu}{s_1} - \frac{e^{-\mu \varepsilon_l} d\omega - s_1 d\mu}{s_0} = 0 .$$

Hieraus erhalten wir leicht

$$\frac{\partial \mu}{\partial \omega_l} = \frac{\varepsilon_l - s_1/s_0}{s_2/s_0 - s_1^2/s_0^2} \frac{e^{-\mu \varepsilon_l}}{s_0} .$$

Überlegt man sich die Bedeutung der Symbole, so kann man dafür schreiben[1])

$$\frac{\partial \mu}{\partial \omega_l} = \frac{\varepsilon_l - U}{\overline{(\varepsilon_l - U)^2}} \frac{\bar{a}_l}{N} .$$

Und so erhalten wir aus (6.24)

$$\overline{a_l^2} - (\bar{a}_l)^2 = \bar{a}_l \left[1 - \frac{(\varepsilon_l - U)^2}{\overline{(\varepsilon_l - U)^2}} \frac{\bar{a}_l}{N} - \frac{\bar{a}_l}{N} \right] .$$

Wir würden die Verteilung als „normal" bezeichnen, wenn das Mittelglied Null wäre. Und das ist der Fall für jene Niveaus, welche die mittlere Energie ($\varepsilon_l = U$) erreichen. In allen anderen Fällen ist die Dispersion infra-normal[2]).

Einer der interessantesten Züge der statistischen Thermodynamik besteht darin, daß Größen und Funktionen, die zuerst als mathematische Hilfsmittel eingeführt werden, fast stets eine grundlegende physikalische Bedeutung gewinnen. Wir haben Beispiele davon im Lagrangeschen Parameter μ kennen gelernt, in dem maximalen z, der Zustandssumme oder Verteilungsfunktion. Welches ist nun die Bedeutung von $\sum P$? Wir entnehmen sie (6.17), lassen das erste Glied seiner Kleinheit wegen fallen und benutzen die Schreibweise (6.19) sowohl als die von (6.23) und erinnern uns, daß $\mu = 1/kT$ ist. Dann ist

$$\frac{1}{N} \log \sum P = \frac{U}{kT} + \log f(z) = \frac{U}{kT} + \frac{1}{k} \left(S - \frac{U}{T} \right) = \frac{1}{k} S .$$

1) Die Linie $\overline{\qquad}$ bedeutet den Mittelwert aus den Gliedern der Gesamtheit, den wir gegen Ende von Kapitel V betrachtet haben.

2) Ich erinnere hier an den Fall eines einzelnen Fermi-Oszillators, bei dem sich die Schwankung von $\bar{a}_l$ als genau gleich Null ergeben hat.

Demnach ist $$\frac{k}{N}\log\sum P = S \tag{6.25}$$

die Entropie des einzelnen Systems. Das ist schon an sich ganz interessant, wird aber bemerkenswerter, wenn wir für einen Augenblick zum Kapitel II zurückkehren und den Logarithmus des Maximums P berechnen (was wir schon an jener Stelle hätten tun können, aber nicht getan haben). Aus (2.2) und der Stirlingschen Formel folgt

$$\log P = N(\log N - 1) - \sum_l a_l(\log a_l - 1) = N\log N - \sum_l a_l \log a_l.$$

Benutzt man die „maximalen“ a_l,

$$a_l = N\frac{e^{-\mu\varepsilon_l}}{\sum_l e^{-\mu\varepsilon_l}},$$

woraus folgt $\log a_l = \log N - \mu\varepsilon_l - \log\sum_l e^{-\mu\varepsilon_l}$,

so erhalten wir

$$\log P_{\max} = N\log N - \sum_l a_l \log N + \mu\sum a_l\varepsilon_l + \sum a_l\log\sum e^{-\mu\varepsilon_l}$$
$$= \mu E + N\log\sum e^{-\mu\varepsilon_l}$$

und fernerhin $$= \frac{E}{kT} + N\frac{1}{k}\left(S - \frac{U}{T}\right).$$

Multiplizieren wir mit k/N und erinnern uns, daß $E/N = U$, so folgt:

$$\frac{k}{N}\log P_{\max} = \frac{U}{T} + S - \frac{U}{T} = S. \tag{6.26}$$

Vergleichen wir dies mit (6.25), so sehen wir, daß wir die Entropie entweder in der Form $\log\sum P$ oder in der Form $\log P_{\max}$ berechnen können. Es macht nichts aus. Das liegt an Folgendem: Die Anzahl der P, die mit $P_{\max}$ vergleichbar sind, ist zwar sehr groß, aber doch verschwindend klein im Vergleich mit $P_{\max}$ selbst. Daher kann der Unterschied im Logarithmus vernachlässigt werden. Das ist es, was H. A. Lorentz in einer berühmten Arbeit „L'insensibilité des fonctions thermodynamiques" nannte.

Es gibt noch andere statistische Analogien zur Entropie, aber keine ist so allgemein anwendbar wie diese. Diese aus der Zustandssumme abgeleitete Größe ist auf jedes System anwendbar, ob es groß oder klein ist, auf einen einzelnen Oszillator ebensogut wie auf ein Gas, einen festen Körper oder ein aus mehreren Phasen bestehendes System.

Die folgende (die auch von GIBBS stammt) setzt ein System voraus, das in in einem Wärmebad nur geringe Schwankungen zeigt, und wir wissen, daß dies bei jedem großen System der Fall ist. Es sind dann nur die Niveaus besetzt, die sehr nahe bei der mittleren Energie U liegen. Aber betrachten wir die Zustandssumme:

$$e^{-\mu\varepsilon_1} + e^{-\mu\varepsilon_2} + \cdots + e^{-\mu\varepsilon_l} + \cdots$$

Da die ε's in ihrer arithmetischen Reihenfolge dastehen, so nehmen die Exponentialfunktionen beständig ab. Sie sind aber ein Maß für die Besetzungshäufigkeit! Auf den ersten Blick sind wir erstaunt, wie eigentlich das scharfe Maximum zustande kommt, — ja warum es überhaupt ein Maximum gibt.

Der Grund dafür ist in der Art zu suchen, in welcher die ε_l mit l wachsen, nämlich immer langsamer, je weiter man in der Reihe fortschreitet und in der Tat mit „außerordentlich zunehmender Langsamkeit". Mit anderen Worten: Die Anzahl der Niveaus pro Einheitszuwachs von ε_l (oder die Niveau*dichte*) wächst außerordentlich. Das Maximum kommt zustande als ein Kompromiß zwischen der zunehmenden Niveaudichte und der abnehmenden Exponentialfunktion.

Wir wollen die Sache folgendermaßen betrachten: Wir können ε_l als eine Funktion seines Index betrachten, also $\varepsilon(l)$ schreiben; demnach aber auch l als Funktion von ε, also in der Form $l(\varepsilon)$, d.h. aber die Anzahl der Niveaus bis hinauf zur Grenze ε. Nun betrachten wir

$$l(U),$$

worin U die Durchschnittsenergie bezeichnet (von der nur geringe Abweichungen überhaupt vorkommen). Dann ist

$$k \log l(U)$$

die Entropie.

Das ist nicht schwer einzusehen; aber zunächst wollen wir noch von einer anderen „Entropiedefinition" sprechen.

Wählen wir einen Schritt von bequemer Kleinheit $\Delta\varepsilon$ und fassen wir alle die Niveaus innerhalb eines solchen $\Delta\varepsilon$-Schrittes zusammen, etwa unter der Bezeichnung Δl. Dann läßt sich die Zustandssumme in der Form

$$\sum e^{-\mu\varepsilon} \Delta l$$

schreiben, wobei ε natürlich der Wert innerhalb dieses Gebietes Δl ist. Wir können dann für die Zustandssumme auch schreiben

$$\sum e^{-\mu\varepsilon} \frac{\Delta l}{\Delta\varepsilon} \Delta\varepsilon .$$

Das Gebiet maximaler Besetzung — und das ist das Gebiet $\varepsilon \sim U$ — wird durch das Maximum des „Integranden" oder, wenn man lieber will, seines Logarithmus bestimmt:

$$-\varepsilon\mu + \log\frac{\Delta l}{\Delta\varepsilon} .$$

Demnach ist

$$-\mu + \left(\frac{d}{d\varepsilon}\log\frac{\Delta l}{\Delta\varepsilon}\right)_{\varepsilon=U} = 0,$$

$$\frac{1}{T} = \left(k\frac{d}{d\varepsilon}\log\frac{\Delta l}{\Delta\varepsilon}\right)_{\varepsilon=U},$$

$$\frac{1}{T} = \left(\frac{d\,k\log\frac{\Delta l}{\Delta\varepsilon}}{d\varepsilon}\right)_{\varepsilon=U}.$$

Das heißt natürlich, daß

$$S = \left(k\log\frac{\Delta l}{\Delta\varepsilon}\right)_{\varepsilon=U}$$

die Rolle der Entropie spielt.

Der Grund, weswegen wir $l(U)$ selbst an Stelle von

$$\frac{\Delta l}{\Delta \varepsilon} \quad \text{oder} \quad \frac{dl(U)}{dU}$$

nehmen können, liegt darin, daß $l(U)$ praktisch stets wie irgendeine sehr hohe Potenz von U zunimmt:

angenommen $$l(U) = CU^n,$$

so ist $$\frac{dl}{dU} = nCU^{n-1},$$

$$\log l = \log C + n \log U,$$

$$\log \frac{dl}{dU} = \log (nC) + (n-1) \log U\,.$$

Wie man sieht, macht es praktisch keinen Unterschied.
Ich möchte den anschaulichen Grund für die exponentielle Abhängigkeit der Besetzungshäufigkeit von ε unter den Bedingungen eines Wärmebades angeben.

Es mögen $\varepsilon_1, \varepsilon_2, \ldots, \varepsilon_l, \ldots$ die Energieniveaus des Systems sein und $b_1, b_2, \ldots, b_k$ usw. die Niveaus des Bades. Dann ist die Summe der Gesamtenergie (E) des Systems, vermehrt um die des Bades eine Konstante, und die Niveaus des Ganzen sind daher $\varepsilon_l + b_k$.

Da die Gesamtenergie konstant ist, so findet in der Tat ein Austausch nur zwischen entarteten Systemen statt, d.h.

$$\varepsilon_l + b_k = (\text{nahezu}) \text{ konstant} = E\,.$$

(„Nahezu" wegen der Koppelungsenergie)! Nun haben alle diese Niveaus $\varepsilon_l + b_k$ für alle Zusammenstellungen (l, k) natürlich gleiche Besetzungsfrequenzen, was soviel bedeutet, wie die Annahme gleicher apriori-Wahrscheinlichkeit für jedes einzelne Niveau. Der Grund für diese Abnahme der Besetzungshäufigkeit der höheren ε_l besteht darin, daß die Anzahl der Niveaus des Bades

$$b_k = E - \varepsilon_l$$

exponentiell mit abnehmendem $E - \varepsilon_l$, der dem Bad verbliebenen Energie, abnimmt. Das ist natürlich ganz klar, wenn diese Zahl sich etwa folgendermaßen schreiben läßt:

$$C(E - \varepsilon_l)^n = C E^n \left(1 - \frac{\varepsilon_l}{E}\right)^n \approx C E^n e^{-n\,\varepsilon_l/E}.$$

$(n = \text{sehr groß})$

Diese Überlegungen erheben nicht den Anspruch, eine strenge Ableitung zu sein (die haben wir vorher gegeben), aber sie zeigen das Wesentliche der Sache: Je mehr von der Gesamtenergie (E) das System für sich selbst in Anspruch nimmt (ε_l), desto weniger (nämlich $E - \varepsilon_l$) bleibt für das Bad übrig. Und das vermindert die Anzahl der verfügbaren Badniveaus — selbst in dem Fall eines unendlich großen Wärmebades oder genauer gesagt, gerade in diesem Fall — exponentiell, mit Hilfe jenes exponentiellen Faktors, den wir als das entsprechende Glied in der Zustandssumme kennen gelernt haben, d.h. als die relative Wahrscheinlichkeit dafür unter Wärmebadbedingungen unser System in einem Zustand ε_l zu finden.

Kapitel VII

DAS n-TEILCHEN-PROBLEM

Von nun an brauchen wir nicht mehr zwischen den beiden Verfahren, dem der „wahrscheinlichsten Werte" und dem der „Mittelwerte" zu unterscheiden, wenn wir es mit einer Gibbsschen Gesamtheit $N \to \infty$ zu tun haben, denn beide haben zu genau dem gleichen Ergebnis geführt. Ja, wir brauchen, da dieses Ergebnis, nachdem es einmal abgeleitet ist, ganz allgemein auf jedes System anwendbar ist, auf keines dieser Verfahren mehr zurückzugreifen! Sehen wir jetzt zurück, so hätten wir eigentlich das erste ganz und gar streichen können, das ja sozusagen nur durch das zweite gerechtfertigt wird. Der einzige Grund, warum ich es nicht gestrichen habe, liegt darin, daß es mathematisch ja nur aus zwei oder drei Zeilen besteht und darum so viel einfacher zu durchschauen ist; das bedeutet sehr viel in einem Gebiet, das begrifflich so außerordentlich schwierig ist.

Zwar habe ich eben gesagt, daß wir zu keinem der beiden Verfahren mehr zurückzukehren brauchen; allein der Gedanke von Darwin-Fowler, die Schwierigkeit einer Nebenbedingung dadurch zu überwinden, daß ein Residuum gebildet wird, ist ein so vorzügliches Mittel, daß wir uns seiner doch wieder bedienen werden, nämlich um die Zustandssumme in solchen Fällen auszuwerten, die sich in anderer Weise nur schwierig behandeln ließen. Aber man muß auseinanderhalten: Der allgemeine Beweis ist abgeschlossen. Wenn wir uns im folgenden der komplexen Integration bedienen, so geschieht es nicht, um ein Beispiel für das allgemeine Verfahren zu geben, sondern wir benutzen nur denselben mathematischen Kunstgriff, um gewisse Zustandssummen auszuwerten. Ich betone das, weil der Irrtum naheliegt: erst ist eine allgemeine Methode erklärt worden, nun wird so ziemlich das gleiche Rechenverfahren bei der Behandlung spezieller Beispiele auftreten; das muß den Eindruck erwecken, es handle sich einfach um Anwendung der allgemeinen Methode auf besondere Fälle.

Wir wenden uns nun dem n-Teilchen-Problem zu. Sein einfachstes Beispiel ist das ideale Gas.

Nach moderner Auffassung darf man sich ein Gas nicht so vorstellen, als ob es aus n identischen Systemen in schwacher Energiewechselwirkung bestünde; denn die Energieniveaus des Gases sind nicht die Summen der Energieniveaus seiner n Bestandteile in allen möglichen Kombinationen. Beide sind allerdings zahlenmäßig gleich.[1]) Aber zwei Gasniveaus, die sich nur dadurch voneinander unterscheiden, daß zwei (oder mehr) der n identischen Atome oder Moleküle ihre Rolle tauschen, müssen als ein und dasselbe Niveau des Gases betrachtet werden. Eine kurze Überlegung wird zeigen, daß dies zu einer ganz anderen Zustandssumme für das Gas als Ganzes führt.

Der zugrundeliegende Gedanke ist der, daß die Teilchen Energiequanten ohne Individualität sind, daß also Demokrit aus Abdera und nicht Max Planck der erste Quantenphysiker gewesen ist. Für den Augenblick verschieben wir die Besprechung der physikalischen Bedeutung und der experimentellen Tatsachen, die uns diese völlig neue Haltung aufgezwungen haben. Wir widmen uns zuerst der Aufgabe, aus unserer allgemeinen Theorie die neue Thermodynamik des n-Teilchensystems zu bestimmen.

Bezeichnen wir die Niveaus eines Teilchens mit

$$\alpha_1, \quad \alpha_2, \quad \alpha_3, \quad \ldots, \quad \alpha_s, \quad \ldots,$$

1) Im Fall, daß keine Wechselwirkung zwischen den Teilchen besteht. Wir betrachten in diesen Vorlesungen nur diesen Fall.

so wird ein bestimmtes Niveau (nicht eine Klasse von Niveaus!) ε_l des n-Teilchensystems (wir nennen es zur Abkürzung „das Gas") durch die Zahlen

$$n_1, \quad n_2, \quad n_3, \quad \ldots, \quad n_s, \quad \ldots,$$

der Teilchen gekennzeichnet, die sich auf den Niveaus $\alpha_1, \alpha_2, \ldots$ befinden. Dieses Niveau ε_l ist

$$\varepsilon_l = n_1\alpha_1 + n_2\alpha_2 + \cdots + \cdots = \sum n_s\alpha_s.$$

(Man verwechsle dies nicht mit dem Gedankengang auf S. 11, in welchem die a_l und ε_l auftreten, und mit dem eine allerdings nur formale Ähnlichkeit besteht.)

Demnach ist die Zustandssumme ($\mu = 1/kT$)

$$Z = \sum_{(n_s)} e^{-\mu \Sigma n_s \alpha_s}. \tag{7.1}$$

Die Summe $\sum\limits_{(n_s)}$ ist über alle zulässigen Zahlengruppen n_s zu erstrecken. Dieser Ausdruck umfaßt mehrere verschiedene physikalische Fälle: Die Theorie der Hohlraumstrahlung; die Theorie des gewöhnlichen Bose-Einstein-Gases und damit auch die Theorie der sogenannten chemischen Konstanten; die Theorie eines Fermi-Dirac-Gases, dessen wichtigste Anwendung die auf die Elektronen in Metallen ist. Wir werden Z in allen diesen Fällen ausrechnen. Aus dem $\log Z$ werden wir dann die Thermodynamik ableiten. Ein anderer interessanter Punkt ist der Mittelwert jedes n_s. Für späteren Gebrauch wollen wir festhalten, daß stets

$$\overline{n}_s = -\frac{1}{\mu}\frac{\partial \log Z}{\partial \alpha_s} \tag{7.2}$$

gilt, wie man aus (7.1) erkennt. Doch beachte man, daß die Schwankungen dieser n_s nicht völlig zu vernachlässigen sind, wenn das System endlich ist. Der Fall liegt ganz anders als bei den Schwankungen der a_l in einer virtuellen Gesamtheit.

Die verschiedenen Fälle für die Ausrechnung von Z ergeben sich folgendermaßen:

1. Die für jedes n_s zulässigen Werte können sein
   a) $n_s = 0, 1, 2, 3, 4, \ldots$ (Bose-Einstein-Gas).
   b) $n_s = 0, 1$ (Fermi-Dirac-Gas; Paulis Verbot).

2. Die Bedingung, daß die Gesamtzahl der Teilchen konstant ist,

$$\sum_s n_s = n \tag{7.3}$$

kann gestellt werden oder nicht. Es ist aber nur ein Fall bekannt, wo sie nicht zu stellen ist; das ist ein Bose-Einstein-Fall, nämlich die Hohlraumstrahlung (Photonen). Es ist das der einfachste Fall.

In allen Fällen setze man $\quad z_s = e^{-\mu \alpha_s}$, (7.4)

woraus sich ergibt $\quad Z = \sum_{(n_s)} z_1^{n_1} z_2^{n_2} \ldots z_s^{n_s} \ldots,$ (7.5)

wobei die Summe über alle zulässigen Gruppen von Zahlen n_s zu erstrecken ist.

Berücksichtigen wir anfänglich nur entweder die Einschränkung 1a oder 1b, so erhalten wir leicht

(1) (*a*) $\quad Z = \prod_s \frac{1}{1 - z_s}$ (Bose-Einstein),

(*b*) $\quad Z = \prod_s (1 + z_s)$ (Fermi-Dirac).

Es ist bequem, diese Formeln in folgender Weise zu kombinieren

$$Z = \prod_s (1 \mp z_s)^{\mp 1}, \tag{7.6}$$

wobei die Doppelzeichen einander zugeordnet sind und das obere Zeichen sich durchweg auf den Bose-Einstein-Fall bezieht.

Wir haben jetzt (7.3) noch außer acht gelassen. Wie ich schon gesagt habe, ist dies nur in einem besonderen Fall (nämlich bei der Wärmestrahlung; oberes Zeichen) richtig. Man könnte diesen Fall zuerst behandeln. Es liegt nahe, aber es wäre unökonomisch.

Wenn (7.3) gefordert wird, so ist (7.6) noch nicht das Endergebnis. Denn ein Blick auf die ursprüngliche Form (7.5) zeigt, daß wir aus (7.6) nur die homogenen Glieder der Ordnung n in allen z_s auszuwählen haben. Das geschieht am einfachsten nach der Residuenmethode.

Man setze
$$f(\zeta) = \prod_s (1 \mp \zeta z_s)^{\mp 1}. \tag{7.7}$$

Dann wird das richtige Z genau durch das folgende Integral dargestellt:
$$Z = \frac{1}{2\pi i} \oint \zeta^{-n-1} f(\zeta)\, d\zeta, \tag{7.8}$$

das in der komplexen ζ-Ebene rings um den Ursprung in solcher Weise zu führen ist, daß keine andere Singularität des Integranden außer $\zeta = 0$ umschlungen wird.

Es ist nicht sehr schwer zu zeigen, daß in beiden Fällen der Integrand auf der reellen positiven Achse bei $\zeta = 0$ mit großen positiven Werten anfängt, während seine logarithmische Ableitung mit großen negativen Werten anfängt, ständig wächst und schließlich positiv wird. Daher hat der Integrand ein und nur ein Minimum auf diesem Wege, und man kann es mit der Sattelpunktmethode versuchen.

Setzt man auf der reellen positiven Achse
$$\zeta^{-n-1} f(\zeta) = e^{g(\zeta)}, \tag{7.9}$$

so erhält man die folgenden beiden Gleichungen
$$g'(\zeta) = -\frac{n+1}{\zeta} + \frac{f'(\zeta)}{f(\zeta)} = 0, \tag{7.10}$$
$$g''(\zeta) = \frac{n+1}{\zeta^2} + \frac{f''(\zeta)}{f(\zeta)} - \frac{f'(\zeta)^2}{f(\zeta)^2}, \tag{7.11}$$

deren erste eine reelle positive Wurzel ζ bestimmt, während die zweite den Wert von $g''(\zeta)$ an dieser Stelle angibt. Und so erhalten wir

$$Z = \zeta^{-n-1} f(\zeta) \frac{1}{\sqrt{2\pi g''(\zeta)}}, \tag{7.12}$$

$$\log Z = -(n+1)\log\zeta + \log f(\zeta) - \tfrac{1}{2}\log(2\pi g''(\zeta)), \tag{7.13}$$

wobei der Beweis noch aussteht, daß $g''(\zeta)$ auch in diesem Fall sehr groß ist. (Wir haben darauf verzichtet, die Wurzel von (7.10) durch einen Index auszuzeichnen; in allem Folgenden bedeutet ζ eben diese Wurzel.)

Man darf zwar in diesem Fall den Grenzübergang $n \to \infty$ nicht streng ausführen, aber doch etwas, das auf dasselbe hinausläuft.

Zunächst einmal ersetzen wir unbedenklich in (7.10) $n + 1$ durch n und erhalten unter Berücksichtigung von (7.7) und (7.9)

$$n = \sum \frac{1}{\frac{1}{\zeta} e^{\mu \alpha_s} \mp 1} \quad \left(\mu = \frac{1}{kT}\right). \tag{7.14}$$

Später werden wir diese Summe durch ein Integral ersetzen, wobei sich zeigen wird, daß sie dem Volumen V proportional ist und zwar auf Grund des Umstandes, daß für einigermaßen großes n die Anzahl der Niveaus α_s zwischen irgend zwei gegebenen engen Energiegrenzen proportional zu V ist. Demnach hängt die charakteristische Wurzel ζ nur von der Volumendichte der Teilchen n/V ab. Das ist für kein endliches n genau richtig, aber es handelt sich ja gerade darum, daß wir nur das Grenzverhalten hinreichend großer Gaskörper zu untersuchen wünschen. Ist ζ in dieser Weise festgelegt, so zeigt (7.11), daß $g''(\zeta)$ in der Tat beliebig groß ist, wenn n es ist. Somit ist nicht nur das Verfahren gerechtfertigt, das zu (7.12) und (7.13) geführt hat, sondern auch die Vernachlässigung des letzten Gliedes in (7.13), weil es nur von der Größenordnung des $\log n$ ist. Demnach ist

$$\log Z = -n\log\zeta + \log f(\zeta) = -n\log\zeta \mp \sum_s \log\left(1 \mp \zeta e^{-\mu\alpha_s}\right). \tag{7.15}$$

(Ließen wir den formalen Übergang zur Grenze $n \to \infty$ nicht zu, so würden wir zu etwas gelangen, was uns im Augenblick nicht interessiert, nämlich zu Gaskörpern, die so klein sind, daß ihr thermodynamisches Verhalten von ihrer Größe und Form abhängt. Die besonderen Eigentümlichkeiten, die sich dabei ergeben, würde der Experimentalphysiker als Oberflächenerscheinungen bezeichnen). Der Parameter ζ in (7.15) wird durch (7.10) bestimmt, was in der Form (7.14) leichter zu überblicken ist. Andererseits können wir jetzt sehen, daß es ein zeitsparendes Verfahren war, den Fall nicht gesondert zu behandeln, bei dem die Gesamtzahl der Teilchen nicht vorgeschrieben ist, sondern sich sozusagen anpaßt. In diesem Fall ist Z unmittelbar durch (7.6) zusammen mit (7.4) gegeben. Man sieht leicht, daß er formal durch unsern gegenwärtigen Wert von $\log Z$ mit umfaßt wird, d.h. durch (7.15), wenn wir bloß $\zeta = 1$ setzen (statt es durch (7.14) bestimmen zu lassen; dennoch ist diese Gleichung auch jetzt nicht völlig bedeutungslos. Sie gibt uns die wechselnde Anzahl n der wirklich vorhandenen Teilchen.)

Die partielle Ableitung von (7.15) nach ζ verschwindet nach (7.10). Daher erhalten wir aus (7.2) (obwohl ζ nach (7.10) von den α_s abhängt)

$$n_s = -\frac{1}{\mu}\frac{\partial \log Z}{\partial \alpha_s} = \frac{1}{\frac{1}{\zeta}e^{\mu\alpha_s} \mp 1}, \tag{7.16}$$

und dies macht die Gleichung (7.14) sehr durchsichtig.

Auf Grund der Bedeutung der letzten Gleichung ist der Mittelwert der Energie U unseres Gases offenbar

$$U = \sum_s \frac{\alpha_s}{\frac{1}{\zeta}e^{\mu\alpha_s} \mp 1}. \tag{7.17}$$

Der Leser möge selbst nachprüfen, daß man dies auch aus (7.15) mit Hilfe der allgemeinen Beziehung

$$U = T^2 \frac{\partial \Psi}{\partial T} = k T^2 \frac{\partial \log Z}{\partial T} \tag{7.18}$$

hätte gewinnen können. Mit einer erstaunlichen Ausnahme (dem Fall der Bose-Einstein-Kondensation, die wir später eingehend diskutieren wollen) können die Summen in (7.14), (7.15) und (7.17) und ähnliche andere als Integrale ausgewertet werden, ohne daß man sich um die genauen Werte der Niveaus α_s zu kümmern braucht. Wir haben es nur mit ihrer Dichte pro Einheit des Energiezuwachses zu tun.

Wir beschränken uns auf den Fall, daß α_s nur Translationsenergie darstellt. (Bei der niedrigen Temperatur, bei der die „neue" Statistik von der „alten" abweicht, ist jedes Gas „einatomig" geworden, weil Schwingungen und Molekülrotationen völlig aufgehört haben. Es hätte also keinen Sinn, sie mit zu behandeln.)

Die Anzahl der Zustände (des einzelnen Teilchens), die zu einem „physikalisch unendlich kleinen" Element des Phasenraumes gehören, beträgt

$$\frac{dx\,dy\,dz\,dp_x\,dp_y\,dp_z}{h^3}.$$

Integrieren wir dies nach den ersten drei Variablen über das Volumen V und auch über die „4π Richtungen" des Impulses, so erhalten wir

$$\frac{4\pi V}{h^3}\,p^2\,dp, \tag{7.19}$$

worin p der absolute Betrag des Impulses ist. Haben die Teilchen auch Spin, so muß die Zahl noch mit einer kleinen ganzen Zahl, 2 oder 3 je nach den verschiedenen möglichen Spinrichtungen multipliziert werden (2 wenn der Spin $\frac{1}{2}$ oder wenn er 1 ist und die Ruhmasse verschwindet (Photon); 3 für den Spin 1, wenn die Ruhmasse nicht verschwindet (Meson)).

(7.19) ist die Verteilung von Zuständen eines einzelnen Teilchens „über die Impulslinie" der p. Was wir aber brauchen, um unsere Summe auszuwerten, ist die Verteilung über die Energielinie der „α". Die allgemeine Beziehung zwischen α und p für ein freies Teilchen ist

$$\alpha = c\sqrt{m^2 c^2 + p^2}. \tag{7.20}$$

Das würde alle Fälle umfassen. Aber die Quadratwurzel macht die Sache unbequem. Sie läßt sich vermeiden, denn tatsächlich treten nur zwei Grenzfälle auf, nämlich

entweder 1. $m = 0$ (Photon)

oder 2. $p \ll mc$ für alle besetzten Niveaus. (Das gilt bei den Temperaturen, mit denen man es wirklich zu tun hat, für alle Teilchen außer den Photonen).

Im ersten Fall haben wir

$$\alpha = cp \quad \text{(Photonen)}. \tag{7.21}$$

Im zweiten Fall ist in vorzüglicher Annäherung

$$\alpha = mc^2 + \frac{p^2}{2m}, \tag{7.22}$$

und die Ruhenergie mc^2 kann fortgelassen werden, weil sie konstant und der Nullpunkt der Energie unerheblich ist.

Den Wert (7.19) hätte man durch ein ganz entsprechendes Verfahren aus der Wellenmechanik gewinnen können. Nach einer asymptotischen Formel, die von H. Weyl stammt, beträgt die Anzahl der Eigenschwingungen mit Wellenlängen $> \lambda$ bei einer Wellenbewegung, die durch irgendwelche lineare Grenzbedingungen auf ein Volumen V beschränkt ist,

$$\frac{4\pi}{3}\frac{V}{\lambda^3}, \tag{7.23}$$

multipliziert mit einer kleinen ganzen Zahl 1, 2 oder 3, je nach dem Tensorcharakter der Wellen, der die verschiedenen möglichen Polarisationen bestimmt. „Asymptotisch“ bedeutet, daß der Ausdruck für den Grenzübergang $V/\lambda^3 \to \infty$ genau richtig wird. Mit Hilfe der allgemeinen De-Broglie-Beziehung zwischen Impuls und Wellenlänge

$$p = \frac{h}{\lambda}$$

erhalten wir aus (7.23) $\quad \frac{4\pi}{3}\frac{V}{h^3}p^3$

und somit (7.19) für die Anzahl zwischen p und $p + dp$.

Den Ausdruck (7.19) auf diese beiden Weisen zu betrachten, nämlich entweder als Abzählung der Quantenzustände eines Teilchens oder als Abzählung der Anzahl wellenmechanischer Eigenschwingungen des eingeschlossenen Volumens, lohnt sich aus folgendem Grunde. Nach der zweiten Auffassung denken wir uns die „n_s im Zustand α_s vorhandenen Teilchen" als eine Eigenschwingung oder einen Hohlraumoszillator, auf dem n_s-ten Qantenniveau. (Diese Auffassung entpricht eigentlich der sogenannten zweiten oder Feldquantelung.) n_s wird zu einer Qantenzahl, und die Festsetzung, daß das System der Quantenzahlen

$$n_1, \quad n_2, \quad n_3, \quad \ldots, \quad n_s, \quad \ldots,$$

nur einen Zustand des Gases bestimmt und nicht eine Klasse von

$$\frac{n!}{n_1!\, n_2! \ldots n_s! \ldots}$$

Zuständen, hört auf, eine sonderbare neue Annahme zu sein, und fügt sich der üblichen Betrachtungsweise von Quantenzuständen und deren statistischem Gewicht (nämlich für jeden das gleiche).

Es ist die erste, die Teilcheneinstellung, welche den Ausdruck „neue Statistik" nahegelegt hat, der häufig gebraucht wird. Und daher kommt es, daß dieser Gedanke einer neuen Statistik ursprünglich nicht in Verbindung mit der Wärmestrahlung aufgekommen ist, weil hier der Wellengesichtspunkt der geschichtliche war, der klassische – und niemand hat zu Anfang an irgend etwas anderes gedacht. Das Wellenbild war die klassische Beschreibung. Die Wellenquantelung erschien daher mit Recht als eine „erste" Quantelung, und niemand dachte an so etwas wie eine „zweite" Quantelung.

Erst als der Gedanke der Photonen sich schon weitgehend durchgesetzt hatte, wies Bose (um 1924) darauf hin, daß wir statt von einer Hohlraum-Oszillatorenstatistik, auch von einer Photonenstatistik sprechen könnten, daß sie aber dann eine Bosestatistik sein müßte. Sehr bald darauf wandte Einstein den gleichen Gedanken auf die Teilchen eines idealen Gases an. Und daraufhin habe ich gezeigt, daß wir auch in diesem Fall von gewöhnlicher Statistik sprechen können, nur angewandt auf die wellenmechanischen Eigenschwingungen, die der Bewegung der Gasteilchen entsprechen.

Der Wellengesichtspunkt führt in beiden Fällen oder wenigstens in allen Bosefällen zu einer anderen interessanten Frage. Da wir es im Bosefall, mathematisch genommen, mit einem einfachen Oszillator der Planckschen Art zu tun haben, dessen Quantenzahl das n_s ist, so können wir fragen, ob wir für n_s nicht eher halbe ungerade Zahlen

$$\tfrac{1}{2},\quad \tfrac{3}{2},\quad \tfrac{5}{2},\quad \ldots,\quad n+\tfrac{1}{2},\quad \ldots,$$

statt ganzer Zahlen nehmen sollten. Dies ist wohl eine offene Frage. Vom Gesichtspunkt der Analogie aus würde man dies bei weitem bevorzugen. Denn die „Nullpunktenergie" $\frac{1}{2}h\nu$ eines Planckschen Oszillators ist nicht nur durch unmittelbare Beobachtung im Fall der Kristallgitter sichergestellt, sie hängt auch so eng mit Heisenbergs Ungenauigkeitsgleichungen zusammen, daß man sie nur sehr ungern aufgäbe. Andererseits geraten wir durch diese Annahme in ernsthafte Schwierigkeiten, besonders bei der Betrachtung von Volumenänderungen (z. B. adiabatischer Kompression eines gegebenen Volumens schwarzer Strahlung), weil bei diesem Vorgang die (unendliche) Nullpunktsenergie sich um unendliche Beträge zu ändern scheint! Daher machen wir diese Annahme nicht und werden auch fernerhin für die n_s die ganzen Zahlen, mit Null beginnend, setzen.

Nach dieser Abschweifung wollen wir auf unser Problem zurückkommen. Im Augenblick wollen wir nicht den Fall der Photonen behandeln. Er ist zu bekannt, und der Leser wird ihn leicht selbst ergänzen. Es handelt sich also um die Gleichung (7.22) zusammen mit (7.19), in der wir die unerhebliche Konstante mc^2 weglassen. Das ergibt

$$\frac{4\pi V}{h^3}\,p^2\,dp \text{ Einzelteilchenzustände zwischen } p \text{ und } p+dp,$$

$$\alpha = \frac{p^2}{2m} = \text{kinetische Energie des Einzelteilchens.}$$

Benutzen wir dies, so lassen sich die Summen (7.14), (7.15) und (7.16) in Integrale umformen. Wir führen durchweg die dimensionslose Integrationsvariable

$$x = p\sqrt{\frac{\mu}{2m}} = \frac{p}{\sqrt{2mkT}}$$

ein, so daß sich die Integrale auf Funktionen des einen Parameters ζ reduzieren. Wir erhalten dann

$$n = \frac{4\pi V}{h^3}(2mkT)^{\frac{3}{2}}\int\limits_0^\infty \frac{x^2\,dx}{\frac{1}{\zeta}e^{x^2} \mp 1}\,, \tag{7.24}$$

$$\Psi = k\log Z = -nk\log\zeta \mp \frac{4\pi Vk}{h^3}(2mkT)^{\frac{3}{2}}\int\limits_0^\infty \log\left(1 \mp \zeta e^{-x^2}\right)x^2\,dx\,, \tag{7.25}$$

$$U = \frac{4\pi V}{h^3}(2m)^{\frac{3}{2}}(kT)^{\frac{5}{2}}\int\limits_0^\infty \frac{x^4\,dx}{\frac{1}{\zeta}e^{x^2} \mp 1}\,. \tag{7.26}$$

Wie man nach kurzer Überlegung erkennt, drückt die erste dieser Gleichungen (die ζ als Funktion von $(V/n)\,T^{\frac{3}{2}}$ bestimmt) die Tatsache aus, daß die partielle Ableitung von Ψ nach ζ verschwindet.

Man beachte auch, daß durch partielle Integration des Integrals, das den Logarithmus enthält, der folgende zweite Ausdruck für Ψ gewonnen werden kann:

$$\Psi = k\log Z = -nk\log\zeta + \frac{8\pi Vk}{3h^3}(2mkT)^{\frac{3}{2}}\int\limits_0^\infty \frac{x^4\,dx}{\frac{1}{\zeta}e^{x^2} \mp 1}\,. \tag{7.27}$$

Von hier aus bestätigt man wieder leicht (7.26), unter Benutzung der Bemerkung über $\partial\Psi/\partial\zeta = 0$, indem man

$$U = T^2\frac{\partial\Psi}{\partial T} \tag{7.28}$$

bildet, und auch den Druck könnte man genau so leicht ausrechnen

$$p = T\,\frac{\partial \Psi}{\partial V}. \tag{7.29}$$

Aus (7.24) und (7.25) aber ersieht man sofort erstens, daß ζ, und infolgedessen auch Ψ bei konstantem n nur eine Funktion von $VT^{\frac{3}{2}}$ ist. Hieraus und aus den beiden vorhergehenden Gleichungen schließt man leicht

$$pV = \tfrac{2}{3}\,U \tag{7.30}$$

in beiden Fällen und übrigens auch in der klassischen Theorie des idealen einatomigen Gases (für Wärmestrahlung ist $pV = \frac{1}{3}U$; d.h. daß p verhältnismäßig viel größer ist, weil in diesem Fall U die Gesamtenergie ist, während es im eben behandelten Fall nur die kinetische Energie ist). Nun läßt sich noch eine andere allgemeine Beziehung aus (7.27) herauslesen, nämlich

$$\Psi = -\,n k \log \zeta + \frac{pV}{T},$$

und da dies gleich

$$S - \frac{U}{T}$$

ist, gilt auch

$$nkT \log \zeta = U - TS + pV, \tag{7.31}$$

d.h. $nkT \log \zeta$ ist das thermodynamische Potential. (Wiederum ein Beispiel einer mathematischen Hilfsgröße, die eine physikalische Bedeutung gewinnt! Gleichzeitig bestätigt dies, daß unsere gegenwärtigen Betrachtungen nicht einfach eine Anwendung des physikalischen Verfahrens von DARWIN und FOWLER sind. Denn bei diesem letzten Verfahren hatte $\log z$ den Wert $-1/kT$.)

Kapitel VIII

AUSWERTUNG DER FORMELN. GRENZFÄLLE

Um das wirkliche Verhalten eines solchen entarteten Gases zu bestimmen, muß man die beiden bestimmten Integrale für veränderliches ζ zahlenmäßig ausrechnen. Wir deuten die allgemeinen Richtlinien hierfür an.

Erstens erhalten wir aus (7.24), also aus

$$1 = \frac{4\pi(2mk)^{\frac{3}{2}}}{h^3}\frac{V}{n}T^{\frac{3}{2}}\int_0^\infty \frac{x^2\,dx}{\frac{1}{\zeta}e^{x^2}\mp 1}, \tag{8.1}$$

die funktionale Beziehung zwischen

$$\frac{V}{n}T^{\frac{3}{2}} \quad \text{und} \quad \zeta. \tag{8.2}$$

Dann erhalten wir aus (7.26) und (7.30)

$$\frac{2}{3}\frac{U}{nkT} = \frac{pV}{nkT} = \frac{2}{3}\frac{4\pi(2mk)^{\frac{3}{2}}}{h^3}\frac{V}{n}T^{\frac{3}{2}}\int_0^\infty \frac{x^4\,dx}{\frac{1}{\zeta}e^{x^2}\mp 1}. \tag{8.3}$$

Das liefert uns die Abweichung von den gewöhnlichen Gasgesetzen, für welche die Größe ja gerade 1 wäre. In der Tat ist, wenn wir (8.3) gliedweise durch (8.1) dividieren

$$\frac{2}{3}\frac{U}{nkT} = \frac{pV}{nkT} = \frac{2}{3}\frac{\int_0^\infty \frac{x^4\,dx}{\frac{1}{\zeta}e^{x^2}\mp 1}}{\int_0^\infty \frac{x^2\,dx}{\frac{1}{\zeta}e^{x^2}\mp 1}}. \tag{8.4}$$

Nun erhalten wir bei sehr kleinem ζ für das Verhältnis der beiden Integrale

$$\frac{\int_0^\infty e^{-x^2} x^4\,dx}{\int_0^\infty e^{-x^2} x^2\,dx} = \frac{3}{2}\,. \tag{8.5}$$

So ergibt sich also bei sehr kleinem ζ (in beiden Fällen) das klassische Verhalten. Darum wird ζ auch als der Entartungsparameter bezeichnet. Beide Integrale sind dann sehr klein, und das bedeutet nach (8.1), daß

$$\frac{V}{n}\,T^{\frac{3}{2}}$$

sehr groß ist. Das heißt also: Hohe Temperatur, niedere Dichte. Das ist zugleich (a) befriedigend, (b) enttäuschend, (c) erstaunlich.

(*a*) Es ist befriedigend, weil wir das klassische Verhältnis für hohe Temperatur und niedere Dichte (wenigstens im Bose-Fall) finden müssen, wenn wir nicht mit alten und wohlbegründeten experimentellen Erfahrungen in Widerspruch geraten wollen.

(*b*) Die Dichten sind so hoch und die Temperaturen so niedrig, die erforderlich sind, um eine merkliche Abweichung zu erzeugen, daß die van-der-Waals-Korrekturen und die möglichen Wirkungen der Entartung von gleicher Größenordnung werden, und es besteht wenig Aussicht dafür, daß die beiden Arten von Effekten sich jemals werden trennen lassen.

(*c*) Erstaunlich ist, daß die neue Statistik, die den Faktor

$$\frac{n!}{n_1!\,n_2!\ldots n_s!\ldots}$$

einfach durch 1 ersetzt, während er in der alten sehr groß ist und ihren Lebensnerv bildet, — daß sie dennoch zum gleichen Verhalten führt; wenn überhaupt hätte man derlei allenfalls für $T \to 0$ erwarten dürfen, wo der Faktor in der alten Theorie sich in der Tat der 1 nähern würde!

Die Lösung dieses Paradoxons besteht darin, daß dieser Faktor, wenn man ihn unter Anwendung der klassischen Statistik auf die Qantenniveaus der einzelnen Teilchen ausrechnet, nicht gerade 1, sondern $n!$ ist. Das aber „schadet nichts“, weil er konstant ist (was es dennoch schadet, werden wir gleich sehen). Mit anderen Worten, die Quantenzellen sind bei hohen Temperaturen und bei niederer Dichte so zahlreich, daß im Durchschnitt selbst in dem am dichtesten besetzten Gebiet nur jede 10000. oder 100000. überhaupt besetzt ist. Die n_s sind entweder Null (die allermeisten) oder 1, ganz selten 2. Und deswegen macht es keinen Unterschied, ob die letzte Möglichkeit entweder ausgeschlossen wird (FERMI-DIRAC) oder mit einem größeren statistischen Gewicht bedacht wird (BOSE-EINSTEIN) – sie kann in jedem Fall vernachlässigt werden.

Die obige Behauptung über die Besetzungszahlen wird durch die folgende Überlegung erhärtet. Wir erinnern uns des Ausdrucks für den Mittelwert der Besetzungszahl n_s (7.16)

$$\bar{n}_s = \frac{1}{\frac{1}{\zeta} e^{\mu \alpha_s} \mp 1}. \tag{8.6}$$

Nun dürfen wir für $\zeta \ll 1$ die ∓ 1 weglassen, weil $e^{\mu \alpha_s} > 1$, und erhalten somit

$$\bar{n}_s = \zeta e^{-\mu \alpha_s} \leqq \zeta,$$

was sofort zeigt, daß $\bar{n}_s \ll 1$ ist, wenn ζ es ist, und das beweist die Behauptung. Da ferner in dem „wirklich am stärksten besetzten“ Gebiet, nämlich dort, wo $\mu \alpha_s = \alpha_s/kT \approx 1$ ist, die Exponentialfunktion immer noch von der Größenordnung der Einheit ist (nicht kleiner), so können wir sagen, daß

$$\bar{n}_s \approx \zeta \tag{8.7}$$

die richtige Größenordnung auch in dem wirklich interessanten Gebiet gibt. Es lohnt sich zu überlegen, wie klein es wirklich ist! Ich habe oben behauptet, daß es ungefähr 1/10000 oder 1/100000 beträgt.

Da s erhalten wir leicht aus (8.1)

$$1 = \frac{4\pi(2mk)^{\frac{3}{2}}}{h^3}\,\frac{V}{n}\,T^{\frac{3}{2}}\cdot\overbrace{\zeta\frac{\sqrt{\pi}}{4}}^{\text{Wert des Integrals}}$$

oder

$$\frac{1}{\zeta} = \left(\frac{2\pi m k T}{h^2}\right)^{\frac{3}{2}}\frac{V}{n}. \tag{8.8}$$

Von dieser Zahl ist zu erwarten, daß sie groß ist. Wir wollen sie für Normalbedingungen berechnen (0° C und 1 atm) und zwar für Helium, das leichteste einatomige Gas, und der Bequemlichkeit halber nehmen wir 1 Grammolekül:

$\log 2\pi$	= 0,79818	$\log h$	= 0,82113−27
$\log m_H$	= 0,22337−24	$\log h^2$	= 0,64226−53
$\log 4$	= 0,60206		
$\log k$	= 0,14003−16	$\log V$	= 4,35054
$\log 273{,}16$	= 2,43642	$\log n$	= 23,77973
	0,20006−36		0,57081−20
	0,64226−53		0,83670+24
	0,55780+16		5,40751
	0,27890+ 8		Numerus 255 570.
	0,83670+24		

N. B.
$m_H = 1{,}6725 \times 10^{-24}$
$k = 1{,}3805 \times 10^{-16}$
$h = 6{,}6242 \times 10^{-27}$
$V = 2{,}2415 \times 10^{4}$
$n = 6{,}0228 \times 10^{23}$
} c.g.s.° C.

Unter diesen Bedingungen ist also

$$\frac{1}{\zeta} = 255\,570 \quad \text{(eine reine Zahl)}. \tag{8.9}$$

Die Besetzung würde selbst bei starkem Druck und bei viel niedrigerer Temperatur (vergleiche (8.7) und (8.8))[1]) äußerst schwach bleiben. Aber gleichzeitig können wir abschätzen: wenn es möglich wäre, eine Kompression bis auf den 100. Teil des Volumens und eine Abkühlung bis auf den 100. Teil der Temperatur (also auf 2°–3° K) ohne Verflüssigung durchzuführen, so gäbe das einen Faktor 1/100000, und wir würden gerade das Gebiet erreichen, wo ζ aufhört „sehr klein" zu sein. So ist das Gebiet merklicher Gasentartung keineswegs außerhalb der experimentellen Reichweite, nur sind (wie ich schon gesagt habe) seine Wirkungen untrennbar mit den van-der-Waals-Korrekturen verknüpft.

Die Entropiekonstante. Aber die Gleichung (8.8) hat auch eine unmittelbare und wichtige Anwendung auf das Experiment, nämlich zur Ausrechnung der sogenannten Entropiekonstanten oder chemischen Konstanten oder um es anschaulicher auszudrücken, der Dampfdruckformel eines idealen Gases. Und daß diese Gleichung hierbei zum richtigen Ergebnis führt, während die klassische Theorie reinen Unsinn liefert, ist die wahre Rechtfertigung des neuen Gesichtspunktes.

Wir fordern:

$$nkT\log\zeta = \text{thermodynamisches Potential} = U - TS + pV, \quad (8.10)$$

woraus sich die Entropie ergibt

$$S = n\,k\,\log\left(\frac{1}{\zeta}\right) + \frac{U + pV}{T} = n\,k\,\log\frac{1}{\zeta} + \frac{5}{2}\,n\,k\,. \quad (8.11)$$

(Demnach haben wir in (8.9) eigentlich die Entropie berechnet, und darum habe ich mir die Mühe gemacht, diesen Wert genau zu berechnen, statt ihn abzuschätzen.) Aber jetzt interessieren

1) Man beachte, daß die relative Schwankung dieser kleinen Besetzungszahlen $n_s \sim \zeta$ außerordentlich groß ist, nämlich $1/\sqrt{\zeta} \sim 500$ oder 50000 %.

wir uns für den allgemeinen Zusammenhang und erhalten mit Benutzung von (8.8)

$$S = n k \log \left(\frac{V}{n}\right) + \frac{3}{2} n k \log T + n k \log \left(\frac{2 \pi m k}{h^2}\right)^{\frac{3}{2}} + \frac{5}{2} n k . \tag{8.12}$$

Zuerst bemerken wir, daß dieser Ausdruck vernünftig ist hinsichtlich der Abhängigkeit von V und n. Vergrößert man n und V einander proportional, so nimmt S um den gleichen Faktor zu. Das mag trivial erscheinen, aber das ist gerade das erste und größte Verdienst der Formel, das ist gerade der Punkt, an dem die klassische Formel hoffnungslos versagt hat, wie wir sehen werden.

Nachdem wir konstatiert haben, daß unsere Formel in dieser Hinsicht vernünftig ist, beziehen wir sie jetzt auf 1 Grammmolekül, so daß $n k = \mathbf{R}$ die Gaskonstante ist. In das Argument des ersten log fügen wir ein $1/k$ ein, unter entsprechender Korrektur der Konstanten, und schreiben dann

$$\frac{V}{n k} = \frac{V}{\mathrm{R}} = \frac{T}{p},$$

weil es üblicher ist, beim gesättigten Dampf, von dem wir sogleich sprechen werden, vom Druck zu reden als vom Volumen. Dann ist

$$S = -\mathbf{R} \log p + \frac{5}{2} \mathbf{R} \log T + \mathbf{R} \log \frac{(2 \pi m)^{\frac{3}{2}} k^{\frac{5}{2}}}{h^3} + \frac{5}{2} \mathbf{R} .$$

Messen wir nun $\mathbf{R}$ in cal/°C und setzen dieses S gleich der experimentell zu bestimmenden tatsächlichen Wärmezufuhr pro Grammolekül bei der Verdampfung Λ_p[1]), geteilt durch T, also

$$S = \frac{\Lambda_p}{T}, \tag{8.13}$$

1) Der Index p soll daran erinnern, daß „p konstant ist" bei der Verdampfung. Die Wärmezufuhr umfaßt auch die Arbeit $p\,V (= \mathbf{R}\,T)$, die bei der Verdampfung geleistet wird.

so erhalten wir die bekannte Sackur-Tetrodesche Dampfdruckformel, welche für Temperaturen gilt, die niedrig genug sind, um die Entropie des kondensierten Zustandes zu vernachlässigen. Zu höheren Temperaturen, wo das nicht mehr der Fall ist und außerdem das Gas sich nicht mehr „einatomig“ verhält, sondern Rotationen und Schwingungen auftreten, gehen wir dadurch über, daß wir entweder theoretisch oder experimentell die spezifische Wärme beider, des Gases und des kondensierten Zustandes berücksichtigen, die uns über alle weiteren Veränderungen der respektiven Entropien und der Verdampfungswärme Aufschluß geben. Das alles ist dann klassische Thermodynamik, und es ist wohl bekannt, wie wir aus dem Dampfdruck alle chemischen Gleichgewichte voraussagen können, die eine Gasphase enthalten. Der kritische Punkt bestand in der Auffindung des Wertes der Konstanten für jedes Gas — abhängig nur von der Masse des Partikels: denn das macht es möglich, solche Gleichgewichte aus rein kalorischen oder energetischen Messungen vorauszusagen (ohne auch nur *ein* Gleichgewicht experimentell herstellen zu müssen).

Die Verdampfungswärme bei irgend e i n e r Temperatur muß freilich durch das Experiment geliefert werden, aber auch dazu ist die Messung nur einer *Energiedifferenz* erforderlich und nicht notwendigerweise die wirkliche Durchführung eines reversiblen Überganges. Man kann diese Energiedifferenz bei beliebiger Temperatur erhalten und sie dann für jede andere aus kalorimetrischen Messungen gewinnen. Man kann sie durch irgendwelche Mittel gewinnen, auch z. B. durch Explosionen in einer Kalorimeterbombe. Man kann sie sogar theoretisch aus irgendeiner Kenntnis abschätzen, welche man über die Kräfte besitzt, die die Atome im Kristall, welcher den kondensierten Zustand darstellt, zusammenhalten.

Aber man muß sich vor einem naheliegenden Irrtum hüten. Man ist versucht zu sagen: „Nun gut, bei diesen tiefen Temperaturen, von denen wir sprechen, ist die Energie des festen Körpers praktisch gleich Null, der Dampf verhält sich wie ein ideales, nicht entartetes, einatomiges Gas. Seine Energie ist daher $\frac{3}{2}\mathbf{R}T$, und die Verdampfungswärme ist also

$$\tfrac{3}{2}\mathbf{R}T + \mathbf{R}T = \tfrac{5}{2}\mathbf{R}T.\text{“}$$

Das wäre ein Fehler, der durch die übliche Terminologie nahegelegt wird, obwohl es nicht recht wäre, die Terminologie dafür verantwortlich zu machen. In der Tat handelt es sich um folgendes: Wenn man sagt, die Energie des Kondensats sei Null[1]), und wenn man sagt, die Energie des Dampfes sei $\frac{3}{2}\mathbf{R}T$, so benutzt man nicht das gleiche Nullniveau der Energie. Wir vernachlässigen dabei, daß die Teilchen im Gas sich aus ihren gegenseitigen Anziehungssphären herausgearbeitet haben, und dieser Teil der Verdampfungswärme kann natürlich durch keine allgemeine Theorie geliefert werden.

Das Versagen der klassischen Theorie. Das Gibbssche Paradoxon. Werfen wir einen Blick auf entsprechende klassische Überlegungen, die bei oberflächlichem Zusehen fast das gleiche Ergebnis zu liefern scheinen. Wir brauchen nur die Betrachtungen des Kapitels IV über den freien Massenpunkt zu wiederholen. Dort zielten wir nur auf die elementaren klassischen Resultate für ideale Gase ab. Wir nahmen das Phasenvolumen selbst als Maß für die Anzahl der Quantenzustände; der Wert der additiven Konstanten im $\log Z$ wurde nicht ausgewertet. Indem wir jetzt den Faktor h^{-3} einführen, erhalten wir für die Zustandssumme des einzelnen Massenpunktes

$$\begin{aligned} Z_{\text{einzel}} &= \frac{V}{h^3}(2mkT)^{\frac{3}{2}} \underbrace{\iiint_{-\infty}^{+\infty} e^{-(\xi^2+\eta^2+\zeta^2)}\,d\xi\,d\eta\,d\zeta}_{(\sqrt{\pi})^3} \\ &= \frac{V}{h^3}(2\pi mkT)^{\frac{3}{2}}, \end{aligned}$$

$$\Psi_{\text{einzel}} = k\log Z_{\text{einzel}} = k\log V + \frac{3k}{2}\log T + k\log\left(\frac{2\pi mk}{h^2}\right)^{\frac{3}{2}}. \quad (8.14)$$

---

1) Das wäre schon an sich nicht ganz genau, weil es im Kristall eine beträchtliche Nullpunktschwingung gibt.

Demnach erhalten wir für die n Massenpunkte, welche das Gas bilden (nach den dort aufgestellten an sich vernünftigen Grundsätzen)

$$\Psi_{\text{gas}} = n\,k \log V + \frac{3\,n\,k}{2} \log T + n\,k \log \left(\frac{2\,\pi\,m\,k}{h^2}\right)^{\frac{3}{2}}. \qquad (8.15)$$

Nun ist ganz allgemein $\Psi = S - U/T$, und da in unserm Fall $U = \frac{3}{2} n k T$ ist, erhalten wir

$$S_{\text{gas}} = n k \log V + \frac{3\,n\,k}{2} \log T + n\,k \log \left(\frac{2\,\pi\,m\,k}{h^2}\right)^{\frac{3}{2}} + \frac{3}{2}\,n\,k\,. \qquad (8.16)$$

Ich möchte zuerst auf einen Einwand hinweisen, der nicht erhoben werden darf, nämlich, daß dieser Ausdruck für $T \to 0$ gegen $-\infty$ strebt statt gegen 0. Dieser Einwand wäre ebensowenig gerechtfertigt wie im Fall von (8.12). Die Gleichung (8.16) erhebt nicht den Anspruch bei sehr niedrigen Temperaturen richtig zu sein, weil da das bloße Zählen der Quantenniveaus nicht mehr ausreicht. Im Gegenteil haben wir festgestellt, daß der jetzt eingenommene „Boltzmannsche" Standpunkt genau wie der andere für $T \to 0$ zu $S = 0$ führen muß, wenn alle Teilchen in ihren tiefsten Zustand absinken. Es strebt dann in der Tat

$$\frac{n!}{n_1!\,n_2!\,\ldots\,n_s!\,\ldots} \qquad (8.17)$$

gegen 1 und sein Logarithmus gegen Null.

Der wahre Pferdefuß von (8.16), der diese Formel trotz ihrer großen Ähnlichkeit mit (8.12) völlig unbrauchbar macht, besteht darin, daß die Abhängigkeit von n und V fehlgeht. Die Konstante verdoppelt sich nicht, wenn n und V verdoppelt werden, aber sie verdoppelt sich, wenn n allein verdoppelt wird. Versucht man sie wie früher zu benutzen, um die Dampfdruckformel zu bestimmen, so erhält man zu seiner Verwirrung nicht etwa den Dampfdruck falsch, sondern man erhält ihn überhaupt nicht! Bezeichnen wir nämlich mit λ die Verdampfungswärme pro Teilchen und setzen (8.16) gleich

$$\frac{n\,\lambda}{T},$$

so kann man n durchweg streichen, und was dann (bei gegebener Temperatur) bestimmt wird, das ist nicht der Dampfdruck, sondern das Dampfvolumen, das absolute Volumen des Dampfes unabhängig von der Zahl n der Teilchen, die er enthält. Ist dieses Volumen richtig angegeben, so kann jede Menge der Flüssigkeit dahinein verdampfen oder umgekehrt, ohne das Gleichgewicht zu stören.

Vergleicht man (8.12) und (8.16) genau miteinander, so findet man, daß letzteres ein zusätzliches additives Glied enthält

$$nk \log n - nk = kn(\log n - 1) = k \log n!. \qquad (8.18)$$

Das ist offenbar das k-fache des Logarithmus der „Permutation“ (8.17), wenn alle n_s entweder Null oder 1 sind. Das zeigt, daß die „neuen Statistiken“ den Fehler der alten vermeiden oder verbessern, indem sie an der entscheidenden Stelle „nicht Permutationen zählen“ und deswegen die Faktoren immer = 1 annehmen. (Wir haben auf Seite 68 erwähnt, daß dieses $n!$ in der Zustandsgleichung usw. keinen Schaden stiftet, aber daß der Schaden, den es doch anrichtet, jetzt zum Vorschein kommen würde.)

Es gibt aber noch einige weitere interessante Zusammenhänge. Das überschüssige Zusatzglied in (8.18) hat zur Folge, daß, wenn man etwa zwei Grammoleküle Gas miteinander vereinigt, ohne irgend etwas anderes zu tun, die Entropie sich nicht verdoppelt, sondern sich (was man leicht nachprüfen kann) eine weitere Zunahme um

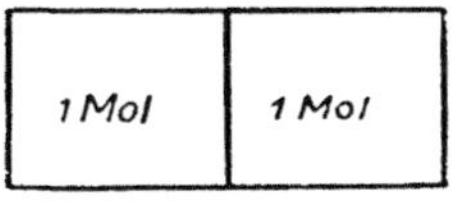

Abb. 3

$$2R \log 2$$

ergibt.

Das ist nun sehr bemerkenswert. Denn das ist genau die Entropiezunahme, die auftritt, wenn man zwei Grammoleküle zweier verschiedener, aber chemisch nicht miteinander reagierender Gase in der gleichen Weise vereinigt, das sie trennende Diaphragma herausnimmt und – wartet. Denn dann setzt die

Diffusion ein, und wir wissen, daß schließlich der Zuwachs an Entropie für jedes Gas der gleiche ist, wie wenn es den doppelten Raum für sich allein einnähme.

Es war ein berühmtes Paradoxon, das erstmalig von W. Gibbs aufgezeigt worden ist, daß kein solcher Entropiezuwachs berücksichtigt werden darf, wenn die beiden Moleküle vom selben Gas sind, obwohl (nach naiven gastheoretischen Vorstellungen) auch dann Diffusion stattfindet, nur für uns unerkennbar, weil alle Teilchen untereinander gleich sind. Die moderne Anschauung löst dieses Paradoxon durch die Erklärung, daß im zweiten Fall keine echte Diffusion vorliegt, weil Austausch zwischen gleichartigen Teilchen kein wirkliches Ereignis ist – wäre es eines, so müßten wir es auch statistisch berücksichtigen. Man hat stets vermutet, daß in dem Gibbsschen Paradoxon ein tiefer Gedanke steckt. Daß es aber eng mit etwas so Wichtigem und völlig Neuem zusammenhängt, war kaum vorauszusehen.

Nach einem Zugzusammenstoß, einem Brande oder einem ähnlichen Unglück sind die Behörden immer bemüht, die Frage zu beantworten: Wie kann das nur geschehen sein?

Wie konnte es geschehen, daß wir selbst mit einem falschen Gasmodell zu dem nichtadditiven Resultat (8.16) für die Entropie gelangt sind? Man wird sich erinnern, daß wir in unserer ganz allgemeinen Entwicklung der Theorie äußerst vorsichtig dafür gesorgt haben, daß der log der Zustandssumme und damit alle thermodynamischen Funktionen streng additiv seien. Auch dieser Ausdruck selbst, mit dem das Unglück geschah, ist aus $\log Z_{\text{einzeln}}$ durch Multiplikation mit n abgeleitet worden. Wie konnte er dann dem n nicht proportional sein?

Nun schauen Sie einmal hin – er ist natürlich dem n proportional, aber bei konstantem Volumen. Was geschieht nun, wenn wir etwa das Volumen ebenfalls verdoppeln? *Unabsichtlich ändern wir die erlaubten Quantenzustände des einzelnen Teilchens, denn wir verdoppeln ihre Dichte auf der ganzen Energielinie.* In unsern allgemeinen Betrachtungen aber, mit deren Hilfe wir bewiesen haben, daß, wenn zwei Systeme A und B (mit den Quantenniveaus α_m und β_k) miteinander verbunden werden, ihre thermodynamischen Funktionen additiv sind, hatten wir stillschweigend angenommen, daß die α_m und β_k bei der Vereinigung unverändert bleiben, und daß daher das kombinierte System die Quantenniveaus

$$\varepsilon_l = \alpha_m + \beta_k$$

hat. Das erklärt den Fehlschlag. Es ist wahr, daß auch in der neuen Theorie diese merkwürdige Veränderung der Niveaus der Einzelteilchen (wenn man zwei Mengen des gleichen Gases zueinander fügt) bestehen bleibt. Aber hier spielen die Einzelniveaus nur die Rolle einer Hilfsannahme, eines bequemen Mittels, um die Gasniveaus anzugeben. Zwar ist auch für die letzteren die Forderung, daß die Niveaus des zusammengesetzten Systems sich additiv aus den Niveaus der Bestandteile in allen Kombinationen ergeben sollten, nicht streng erfüllt[1]), aber offenbar in genügender Annäherung um alle thermodynamischen Funktionen additiv zu machen.

Eine Abschweifung: Vernichtung von Materie? Dies ist vielleicht die beste Gelegenheit, um von einer interessanten Seite der Gleichung (8.1) zu sprechen, die zur Geltung kommt, wenn wir die Bedingung $\sum_s n_s =$ const. auch für Teilchen mit nichtverschwindender Ruhmasse aufgeben und sozusagen das Entstehen oder Verschwinden von Teilchen beim Zusammenstoß zulassen, derart, daß der Energiebetrag $\pm mc^2$ in die Bilanz der kinetischen Energien eingeht. In diesem Fall muß man natürlich den nicht verkürzten Ausdruck (7.22)

$$\alpha = mc^2 + \frac{p^2}{2m} \tag{7.22}$$

1) Bei der Vereinigung werden die Schemen der Einzelteilchenniveaus überlagert wie vorher. Alle Kombinationen einer Gesamtheit $n_1, n_2, \ldots, n_s, \ldots$ mit einer zweiten Gesamtheit $n_1', n_2', \ldots, n_s', \ldots$ sind natürlich Niveaus des kombinierten Systems. Aber es gibt noch andere zusätzlich, weil nach der Vereinigung nicht länger gefordert wird, daß die Summen $\sum n_s$ und $\sum n_s'$ einzeln konstant sind, sondern nur daß ihre Summe konstant ist.

benutzen, und man erkennt leicht, daß dieser gerade einen zusätzlichen Faktor $e^{mc^2/kT}$ zu $1/\zeta$ sowohl in (8.1) als in (8.2) liefert. Hätten wir die Bedingung $\sum_s n_s$ nicht fallen lassen, so wäre die Wirkung belanglos — eine unbedeutende Änderung in der Definition von ζ (das ist der Grund, weshalb wir bisher mc^2 weglassen durften). Aber nun lassen wir diese Bedingung fallen, dann ist $\zeta = 1$. (8.1) ist nicht mehr bestimmend für ζ, sondern n oder n/V, die Teilchendichte. Ferner bleibt zwar (8.1) formal unverändert, aber es tritt $e^{-mc^2/kT}$ an die Stelle von ζ. Das ist nun für die in Frage kommenden Temperaturen eine sehr kleine Zahl, viel kleiner als die in (8.9) angegebene, nämlich $\zeta = 1/255\,570$. Wir müssen daher damit rechnen, daß bei gewöhnlicher Temperatur das Aufgeben dieser Bedingung zu einer außerordentlichen Verdünnung führen wird. Wir erhalten in völliger Analogie zu (8.8)

$$e^{mc^2/kT} = \left(\frac{2\pi m k T}{h^2}\right)^{\frac{3}{2}} \frac{V}{n}. \tag{8.19}$$

(Nehmen wir den Logarithmus $\times\, nk$, so ergibt sich formal in voller Analogie zu (8.12) und (8.13) die Dampfdruckformel einer Substanz mit der enormen Verdampfungswärme nmc^2 geteilt durch das mechanische Wärmeäquivalent.) Betrachten wir als Beispiel den Fall des Heliums unter normalen Bedingungen, über den wir bereits früher genaue Angaben gemacht haben. Die Anzahl je cm³, n/V, wird jetzt offenbar um den Faktor

$$255\,570\, e^{-mc^2/273\,k} \tag{8.20}$$

verkleinert sein[1]).

Ich habe die Exponentialfunktion ausgerechnet und gefunden

$$10^{-6{,}9343\ldots\times 10^9}. \tag{8.21}$$

Der andere Faktor 255 570 ist zu vernachlässigen, weil der Exponent in (8.21) nicht auf 9 Dezimalstellen berechnet ist. Innerhalb der erreichten Genauigkeit ist es belanglos, ob wir von der Dichte in Grammolekülen je Liter oder in Einzelteilchen im

1) Verkleinert gegenüber 6×10^{23} je 22 Liter.

Weltall sprechen, weil sich der Unterschied nur in einem Faktor 10^{110} geltend macht.

Das Ergebnis ist typisch für das, was man auch dann bekommt, wenn man irgendeine andere Möglichkeit für die Vernichtung von Materie berücksichtigt, z. B. Übergang in Wärmestrahlung. Wenn wir nicht annehmen wollen, daß diese Arten von Übergängen unmöglich sind, müssen wir erstaunt sein, daß im Weltall noch so viele wägbare Materie vorhanden ist, wie wir vorfinden. Der einzige Ausweg scheint der zu sein, daß der Übergang ein sehr langsamer Prozeß ist, und daß in nicht allzu weit zurückliegender Zeit die Bedingungen im Weltall von denen sehr verschieden gewesen sind, die heute vorliegen.

Abschweifung über die Unbestimmtheitsrelation. Ehe wir den Fall der eigentlichen Entartung betrachten (d. h. $\zeta \lll 1$), wollen wir die Größe auf der rechten Seite von (8.8) noch von einem anderen Standpunkt betrachten:

$$\frac{1}{\zeta} = \left(\frac{2\pi m k T}{h^3}\right)^{\frac{3}{2}} \frac{V}{n}; \tag{8.8}$$

diese Gleichung ergibt sich, wie wir uns erinnern wollen, aus (8.1) für $\zeta \ll 1$. Eine merkliche Abweichung vom klassischen Verhalten wird bei Temperaturen und Rauminhalten einsetzen, bei denen das zweite Glied nicht mehr eine große Zahl ist, sondern mit der Eins vergleichbar wird. Noch näher der Einheit ist dann die dritte Wurzel daraus, also

$$\frac{\sqrt{2\pi m k T}}{h} \sqrt[3]{\frac{V}{n}}; \tag{8.22}$$

und diese läßt eine sehr einfache Deutung zu. Denn da der Mittelwert der Energie sicher von der Größenordnung

$$\frac{\overline{p^2}}{2m} \sim \frac{3}{2} k T$$

ist, so ist das durchschnittliche Impulsquadrat von der Größenordnung

$$\overline{p^2} \sim 3 m k T.$$

Die Quadratwurzel hieraus ist sicher eine obere Grenze für die Unsicherheit des Impulses, oder in gewisser Weise kann man sogar sagen, sie liefert genau die Unsicherheit hinsichtlich des Impulses eines willkürlich herausgegriffenen Teilchens.[1]) Daher ergibt sich aus Heisenbergs Unsicherheitsrelation eine untere Grenze der Unsicherheit Δx in der Lokalisation des Teilchens zu

$$\Delta x > \frac{h}{2\pi\sqrt{3\,m\,kT}}.$$

Demnach ist (8.22) von der Größenordnung des Verhältnisses zwischen der mittleren Entfernung der Teilchen $\sqrt[3]{V/n}$ und der maximalen Genauigkeit, mit der ein Teilchen lokalisiert werden kann, also

$$\frac{1}{\Delta x}\sqrt[3]{\frac{V}{n}}. \tag{8.23}$$

Wenn dieser Ausdruck nicht mehr groß ist, sondern von der Größenordnung 1 wird, so wird man wohl sagen müssen, daß die Teilchen völlig verschmiert werden, daß der Teilchengesichtspunkt damit unmöglich wird und man nicht mehr von einer körnigen Struktur der Materie sprechen kann.

Diese Bemerkung hat ein sehr weites Anwendungsgebiet, das weit über unsern gegenwärtigen Gegenstand hinausreicht, und man darf wohl sagen, daß sie unmittelbar durch das Experiment gestützt wird. Wo immer der Teilchengesichtspunkt wirklich in die Ausdeutung eines Experimentes eingeht (z. B. bei Wilsonkammerversuchen oder bei der Zählung von Höhenstrahlenteilchen), da hat man es mit Teilchen in äußerster Verdünnung und von hoher Geschwindigkeit zu tun. Denn der wirkliche Impuls setzt der Ungewißheit des Impulses stets eine obere Grenze und setzt somit der Lokalisationsgenauigkeit eine Grenze und damit der Anhäufung gleichartiger Teilchen, wenn diese An-

---

1) Ob dies nun zugegeben wird oder nicht, die Behauptung über die obere Grenze ist jedenfalls unleugbar. Denn wäre die Ungewißheit größer, so wäre $\overline{p^2}$ größer, und das würde bedeuten, daß die Temperatur höher wäre, als sie wirklich ist.

häufung nicht völlig verhindern soll, daß sie als Einzelteilchen erkennbar sind.

Wie aber steht es mit der Anhäufung von Teilchen in Flüssigkeiten und festen Körpern? Hier beträgt das Volumen je Teilchen (V/n) rund den 1000. Teil von dem in einem Gase unter normalen Bedingungen. Wenn wir daher einen Kristall bei einer Temperatur betrachten, die nur den 100. Teil beträgt (also etwa zwischen 2 und 3° K), so scheinen diese beiden Umstände den Wert von (8.8) um einen Faktor von ungefähr einem Millionstel zu verringern gegenüber dem Zahlenwert von (8.9). Die *Masse* m führt zu einer gewissen Kompensation, wenn sie größer ist als $4\ m_H$ (man erinnere sich, daß (8.9) für Heliumgas berechnet worden ist). Dennoch scheint die Lage im ganzen für das Teilchenbild unvorteilhaft. Steht dann aber der im vorigen Absatz vertretene Standpunkt nicht in glattem Widerspruch mit der Tatsache, daß das Teilchenbild für die Struktur der Kristallgitter bei sehr niedrigen Temperaturen weit entfernt zu versagen, erst voll zur Geltung kommt.

Ich glaube aus zwei Gründen, daß kein Widerspruch vorliegt. Erstens ergibt sich sowohl aus der Theorie als aus der experimentellen Erfahrung[1]), daß die Schwingungsenergie der Kristallteilchen zwar mehr und mehr von der Temperatur unabhängig wird, sich aber doch nicht der Null nähert, wenn T sich der Null nähert. Sie nähert sich größenordnungsmäßig dem Wert $k\theta$ je Teilchen, wobei θ die sogenannte Debye-Temperatur ist, ein Parameter, der bei der theoretischen Beschreibung des schnellen Abfalls der spezifischen Wärme von ihrem Dulong-Petit-Wert auf praktisch Null auftritt und ungefähr das Gebiet des Hauptabfalls der Kurve angibt. Dieses θ ist stets viel größer als der niedrige Wert von T, den wir oben betrachtet haben. Es erstreckt sich von 88 (Pb) bis zu etwa 2000 (C) und hat eine theore-

1) Das betrifft die Intensitätsverteilung in Laueaufnahmen bei sehr niedriger Temperatur; die äußersten Flecken, die unter stumpfen Winkeln gestreut werden, bleiben *schwächer* als die vorderen, die unter kleinen Winkeln gegen den einfallenden Strahl gestreut werden.

tisch begründete Tendenz nur für schwere Atome oder besonders weitmaschige Kristallstruktur (z. B. K mit $\theta = 99$, Gitterabstand 4,5 Å) klein zu sein, aber groß für leichte Atome. (Das ergibt eine weitere Kompensation in unserm Ausdruck (8.8), indem T nun durch θ zu ersetzen ist, und der übrigens ja nur die Größenordnung angibt.)

Aber wir müssen noch auf einen zweiten Punkt hinweisen. Trotz der Nützlichkeit der Gittermodelle stützen sich die großen Erfolge in der Thermodynamik der Kristalle auf das Wellenbild, nicht auf das Teilchenbild. Sie sind durch P. Debye in seiner oben erwähnten Theorie der spezifischen Wärme fester Körper erreicht worden, indem er nicht den einzelnen Teilchen bestimmte Quantenniveaus zuwies, sondern den Eigenschwingungen des Gitters als Ganzem. (Zu jener Zeit schien das ein sehr gewagter Schritt.) Bei sehr niedriger Temperatur wird der Energiegehalt und die spezifische Wärme eines Kristalls durch Formeln ausgedrückt, die hinsichtlich ihrer Ableitung fast genaue Wiederholungen derjenigen sind, die für die schwarze Strahlung gelten. Ich denke an das berühmte T^3- oder T^4-Gesetz.

Die sehr genaue Lokalisation von Atomen innerhalb eines Kristalls mit Hilfe von Röntgenstrahlen (ich meine die Messung der Gitterabstände und sogenannter „Parameter") unterschreitet, wenn man sie als Lokalisation individueller Atome auffaßt, bei weitem die Genauigkeitsgrenzen, die durch die Ungenauigkeitsrelation gezogen sind. Aber wir dürfen eben diese Angaben nicht als solche betrachten, die sich auf irgendein einzelnes Atom beziehen. Die sehr genaue Messung dieser Abstände wird nur durch den Umstand möglich gemacht und hängt völlig von ihm ab, daß sie sich millionen- und aber millionenmal im Kristall wiederholen in ganz ähnlicher Weise, wie sich der Abstand aufeinanderfolgender Wellenberge immer und immer wieder innerhalb einer Welle wiederholt. In der Tat, ich halte die ganze Gitterstruktur für etwas, was einer stehenden De-Broglie-Welle sehr verwandt ist. Sie könnte, so scheint mir, geradezu als eine solche behandelt werden, aber die Aufgabe ist sehr verwickelt wegen der starken Wechselwirkung zwischen diesen Wellen. (Die gewöhnliche Auffassung behandelt die Wechselwirkungen als Kräfte zwischen Teilchen, um das Kristallgitter entsprechend dem Teilchenstandpunkt aufzubauen und dann die Schallwellen zu betrachten – und zu quantisieren –, die in diesem Gitter auftreten und nur in schwacher Wechselwirkung stehen.) Gewisse Zusammenhänge sind aber auch so erkennbar. Z.B. sind die Sekundärstrahlen in den Röntgenstrahlendiagrammen durch die Impulsquanten bestimmt, die der Lichtwelle durch das Kristallgitter auf Grund seiner periodischen Struktur erteilt werden, wenn man es als eine stehende Welle betrachtet. (Das ist keine neue Theorie der Röntgenstrahlenstreuung; es ist eine andere Deutung, welche die gewöhnliche Theorie zuläßt.)

Eigentliche Gasentartung. Die quantitative Untersuchung der Abweichungen von den klassischen Gasgesetzen, die auftreten, wenn ζ nicht sehr klein ist, sind von keinem großen praktischen Interesse, außer in einem Fall, nämlich der Theorie der Elektronen in Metallen. Aber wir müssen kurz die Rechenmethoden angeben, nach denen diese Aufgabe behandelt wird. Sie sind sehr einfach und leicht auf alle interessierenden Fälle anwendbar.

Da ist erstens der Fall *schwacher* Entartung – ζ klein, aber nicht sehr klein –, mit ersten Abweichungen von den klassischen Gesetzen, wenn man die Dichte erhöht und die Temperatur erniedrigt. Obwohl sie, wie ich schon gesagt habe, mit anderen Einflüssen kombiniert sein werden, ist es von Interesse zu wissen, welcher Teil der beobachteten Abweichungen den neuen idealen Gasgesetzen zugeschrieben werden könnte. Zweitens interessiert der Fall *starker* Entartung, der im Fermi-Fall gerade die Elektronentheorie der Metalle darstellt. (SOMMERFELD, Z. Phys. Bd. 47, 1928.) Im Bose-Fall ist er mit der Erscheinung der „Bose-Einstein-Kondensation“ verbunden, die jedenfalls von großem theoretischem Interesse ist – es handelt sich um ein ganz unerwartetes unstetiges Verhalten der Zustandssumme und daher des materiellen Systems, worauf wir unten genauer eingehen wollen.

Schwache Entartung. Betrachten wir die Gleichungen (8.1) und (8.4), welche die Gesetze in der knappsten Form enthalten,

$$1 = \frac{4\pi(2mk)^{\frac{3}{2}}}{h^3}\frac{V}{n}T^{\frac{3}{2}}\int\limits_0^\infty \frac{x^2\,dx}{\frac{1}{\zeta}e^{x^2}\mp 1} \tag{8.1}$$

$$\frac{2}{3}\frac{U}{nkT} = \frac{pV}{nkT} = \frac{2}{3}\frac{\int\limits_0^\infty \frac{x^4\,dx}{\frac{1}{\zeta}e^{x^2}\mp 1}}{\int\limits_0^\infty \frac{x^2\,dx}{\frac{1}{\zeta}e^{x^2}\mp 1}}. \tag{8.4}$$

so sehen wir, daß wir die beiden Integrale als Funktionen von ζ brauchen. Nun kann man für nicht zu großes ζ (tatsächlich für $\zeta \leqq 1$) die Entwicklung

$$\frac{1}{\frac{1}{\zeta}e^{x^2}\mp 1} = \frac{\zeta e^{-x^2}}{1\mp\zeta e^{-x^2}} = \zeta e^{-x^2}(1\pm\zeta e^{-x^2}+\zeta^2 e^{-2x^2}\pm\cdots) \tag{8.24}$$

benutzen und dann gliedweise integrieren. Kürzt man die Integrale als I_2 und I_4 ab, so läßt sich das Resultat folgendermaßen schreiben:

$$\left.\begin{aligned} I_2 &= \frac{\sqrt{\pi}}{4}\left(\zeta\pm\frac{\zeta^2}{2^{\frac{3}{2}}}+\frac{\zeta^3}{3^{\frac{3}{2}}}\pm\frac{\zeta^4}{4^{\frac{3}{2}}}+\cdots\right),\\ I_4 &= \frac{3}{2}\frac{\sqrt{\pi}}{4}\left(\zeta\pm\frac{\zeta^2}{2^{\frac{5}{2}}}+\frac{\zeta^3}{3^{\frac{5}{2}}}\pm\frac{\zeta^4}{4^{\frac{5}{2}}}+\cdots\right). \end{aligned}\right\} \tag{8.25}$$

Um etwas über die beginnende Entartung zu erfahren, müßte man die erste Reihe in (8.1) einsetzen, müßte sie schrittweise nach bekannten Methoden umkehren und auf diese Weise eine Entwicklung von ζ nach Potenzen der kleinen Zahl

$$\frac{h^3}{4\pi(2mk)^{\frac{3}{2}}}\frac{n}{V}T^{-\frac{3}{2}}$$

erhalten.

Diese Entwicklung hätte man dann in (8.4) einzusetzen, nachdem man ihr zweites Glied durch die Potenzreihe

$$\frac{2}{3}\frac{I_4}{I_2} = 1 \mp \frac{1}{2^{\frac{5}{2}}}\zeta + \cdots \tag{8.26}$$

ersetzt hätte, die man aus (8.25) erhält, wenn man die zweite Potenzreihe durch die erste dividiert. Wir wollen das nicht bis in die Einzelheiten hinein weiter verfolgen. Die Konvergenz wird schlechter, wenn ζ wächst, aber sie bleibt bestehen, bis $\zeta = 1$. (Für $\zeta = 1$ stellen die Reihen übrigens, von einfachen Faktoren abgesehen, die Riemannsche ζ-Funktion für die Argumente $\frac{3}{2}$ und $\frac{5}{2}$ dar, die in Tafeln[1]) zu finden sind.)

So viel über schwache Entartung.

Mittelstarke Entartung. Dieser Fall ist bisher von keinem praktischen Interesse gewesen. Mathematisch ist er natürlich durch langsame Konvergenz der beiden Reihen gekennzeichnet, die wir für die schwache Entartung aufgestellt haben, und jener einen, die wir für starke Entartung aufstellen werden. Ich werde dies nur als Gelegenheit benutzen, auf eine leichte Vereinfachung hinzuweisen, die für jedes $\zeta \leqq 1$ gilt.

Wir könnten denken, daß wir vier Integrale numerisch als Funktionen von ζ auszuwerten hätten, nämlich diejenigen mit x^2 und mit x^4, sowohl im Bose- als im Fermifall; in Wirklichkeit aber lassen sie sich auf zwei zurückführen. Und zwar läßt sich nicht etwa die mit x^4 auf die mit x^2 zurückführen, wohl aber

---

1) Siehe z. B. Jahnke-Emde: Funktionstafeln. B. G. Teubner, 1938.

sind die Fermi- und Bose-Funktionen aufeinander zurückführbar. Denn

$$\frac{1}{\frac{1}{\zeta}e^{x^2}-1}-\frac{1}{\frac{1}{\zeta}e^{x^2}+1}=\frac{2}{\frac{1}{\zeta}e^{2x^2}-1};$$

und das führt zu

$$\frac{1}{\frac{1}{\zeta}e^{x^2}+1}=\frac{1}{\frac{1}{\zeta}e^{x^2}-1}-\frac{1}{\frac{1}{\zeta}e^{2x^2}-1}$$

und ergibt durch Iteration

$$\frac{1}{\frac{1}{\zeta}e^{x^2}-1}=\frac{1}{\frac{1}{\zeta}e^{x^2}+1}+\frac{2}{\frac{1}{\zeta^2}e^{2x^2}+1}+\frac{4}{\frac{1}{\zeta^2}e^{4x^2}+1}+ad\ inf.$$

Die Beziehungen zwischen den Integralen lassen sich hieraus leicht gewinnen, wenn $\zeta \leqq 1$. (Für $\zeta > 1$ verliert das Bose-Integral seine Bedeutung; siehe unten.)

Starke Entartung. Hier müssen wir die beiden Fälle vollständig voneinander trennen, denn sehr starke Entartung bedeutet im Bose-Einstein-Fall etwas ganz anderes als im Fermi-Dirac-Fall. In der Tat darf, da das Integral nach (8.1) eine Zählung der Teilchen bedeutet (siehe Gleichung (8.6)), der Integrand niemals negativ werden. Daher muß bei dem oberen Zeichen (Bose-Einstein) $\zeta \leqq 1$ sein, und die starke Einstein-Entartung ist durch $\zeta = 1$ gekennzeichnet. Wir werden sie an zweiter Stelle behandeln. Bei dem unteren Zeichen (Fermi-Dirac) darf ζ die 1 überschreiten. Sehr starke Fermi-Entartung ist durch $\zeta \to \infty$ gekennzeichnet.

(a) Starke Fermi-Dirac-Entartung. (Durchweg unteres Zeichen.) Die erste Näherung für sehr großes ζ ist leicht zu erhalten, weil der charakteristische Faktor des Integranden, nämlich der Bruch (8.24)

$$\bar{n}_s = \frac{1}{\frac{1}{\zeta}e^{x^2}+1}, \tag{8.24}$$

der, wie erinnerlich, die durchschnittliche Besetzungszahl eines Niveaus α_s $\left(\text{für } x^2 = \frac{\alpha_s}{kT} = \frac{p_s^2}{2mkT}\right)$ darstellt, ganz plötzlich von 1 auf 0 abfällt und zwar bei jenem Wert von x oder in dessen Nähe, wo der Bruch $\frac{1}{2}$ beträgt, d.h. wo

$$x = \sqrt{\log \zeta}\,. \tag{8.27}$$

Unsere beiden Integrale nehmen daher die Werte an:

$$I_2 = \tfrac{1}{3}(\log \zeta)^{\frac{3}{2}}, \quad I_4 = \tfrac{1}{5}(\log \zeta)^{\frac{5}{2}}, \tag{8.28}$$

und (8.1) und (8.4) ergeben

$$\left.\begin{aligned} 1 &= \frac{4\pi (2mk)^{\frac{3}{2}}}{h^3}\,\frac{V}{n}\,T^{\frac{3}{2}}\,\frac{1}{3}(\log \zeta)^{\frac{3}{2}},\\ \frac{2}{3}\,\frac{U}{nkT} &= \frac{pV}{nkT} = \frac{2}{5}\log \zeta\,. \end{aligned}\right\} \tag{8.29}$$

Aus dem ersten folgt

$$\log \zeta = \left(\frac{3}{4\pi}\right)^{\frac{2}{3}} \frac{h^2}{2mkT}\left(\frac{n}{V}\right)^{\frac{2}{3}}, \tag{8.30}$$

und daher ergibt die zweite Gleichung (8.29)

$$p = \frac{2}{3}\,\frac{U}{V} = \frac{1}{5}\left(\frac{3}{4\pi}\right)^{\frac{2}{3}} \frac{h^2}{m}\left(\frac{n}{V}\right)^{\frac{5}{3}}. \tag{8.31}$$

Die letzte Gleichung enthält die vollständige Beschreibung des thermodynamischen Verhaltens eines Fermigases im Zustand äußerster Entartung. Der bemerkenswerteste Zug – eine notwendige Folge aus dem Nernstschen Satz – besteht darin, daß die Temperatur aus der Formel verschwunden ist. Das Gas verhält sich wie ein „reiner Mechanismus", was nach dem Nernstschen Satz,[1]) bei der Grenze $T \to 0$ jedes System tun muß. Man beachte übrigens, daß die Zustandsgleichung, nämlich

$$p\left(\frac{V}{n}\right)^{\frac{5}{3}} = \text{const.},$$

1) weil es keine Entropie-Änderungen mehr gibt.

die gleiche ist wie die „adiabatische Gleichung" für ein ideales einatomiges Gas bei beliebiger Temperatur in der klassischen Theorie.[1])

Daß die Energiedichte nicht von der Temperatur abhängt und daher die spezifische Wärme verschwindet, ist der Grundvorzug dieser Theorie bei der Erklärung des Verhaltens der Elektronen in einem Metall. Viele Jahre lang bildeten die folgenden Sachverhalte ein Problem:

1. Die hohe elektrische und thermische Leitfähigkeit der Metalle weist auf eine Elektronendichte der Größenordnung 1 freies Elektron pro Atom hin.

2. Dennoch gehorchen die spezifischen Wärmen der Metalle dem Dulong-Petitschen Gesetz bei Zimmertemperatur ohne jede Spur eines Elektronenbeitrages (der den Wert um etwa 50% erhöhen müßte, wenn die Elektronen ein klassisches ideales Gas bildeten).

3. Die Elektronen, die beim „Richardson-Effekt" aus heißen Metallen austreten, zeigen genau die der Austrittstemperatur entsprechende Maxwellsche Geschwindigkeitsverteilung, und das schien stark dafür zu sprechen, daß sie in der Tat im Innern des Metalls ein klassisches Gas bilden, wo übrigens dieselbe Annahme für die quantitative Erklärung der elektrischen und thermischen Leitfähigkeit unvermeidlich schien, insbesondere für ihren vielbesprochenen Quotienten und dessen Temperatur-Koeffizienten (= 1/273).

Alle diese Punkte werden durch die vorliegende Theorie befriedigend aufgeklärt. Der erwartete Beitrag zur spezifischen Wärme wird dadurch beseitigt, daß U von T unabhängig ist. Dennoch behalten die Teilchen selbst bei den niedrigsten Tempera-

---

1) Die „adiabatische Beziehung" zwischen p und V ist bei allen Temperaturen die gleiche (und zwar sowohl für das Bose-Einstein- wie für das Fermi-Dirac-Gas). Das ergibt sich in der Tat aus $dQ = dU + p\,dV = 0$ für $pV = \frac{2}{3}U$. Aber nur für das sehr stark entartete Fermi-Dirac-Gas fällt das mit der Zustandsgleichung zusammen.

turen beträchtliche Geschwindigkeiten bei, weil das Paulische Ausschließungsprinzip sie dazu zwingt, die niedrigsten n Zustände einzunehmen, deren höchste weit über $\frac{3}{2}kT$ liegen. Die Erklärung der Leitfähigkeiten und ihres Verhältnisses zueinander ist durchaus befriedigend (und ebenso die Theorie der großen Anzahl von „Effekten", wie des Hall-Effektes, der Thermoelektrizität usw.). Das Paradoxon des Richardson-Effektes erweist sich als eine thermodynamische Notwendigkeit: Der „Elektronendampf", den das Metall abgibt, muß wegen seiner viel geringeren Dichte die Eigenschaft eines nicht entarteten Gases der gleichen Temperatur zeigen, genau so wie etwa der gesättigte Dampf oberhalb eines kalten Kristalls ein klassisches ideales Gas ist, obwohl die Atome innerhalb des Kristalls bereits praktisch ihre Nullpunkt-Energie erreicht haben müssen. Der mechanische Grund dafür, daß die Elektronen beim Richardson-Effekt mit einer völlig anderen Geschwindigkeitsverteilung entweichen – mit viel geringeren Geschwindigkeiten als sie sie innerhalb des Metalls haben – besteht darin, daß sie eine Ausgangsschwelle potentieller Energie von mehreren Volt zu überwinden haben, genau wie ein Atom, das aus einem festen oder flüssigen Körper verdampft. Diese Potentialschwelle übernimmt die Rolle der Wände des Gefäßes bei einem gewöhnlichen Gas und hält die Elektronen beisammen.

Daß das Elektronengas bei Zimmertemperatur stark entartet ist und auch sogar noch bei den hohen Temperaturen des Richardson-Effektes ist eine Folge des Zusammenwirkens zweier Umstände: 1. der verhältnismäßig hohen Dichte n/V, die ungefähr so hoch ist wie die von Atomen eines festen Körpers; 2. der kleinen Masse, die nur etwa 1/2000 der Masse eines Wasserstoffkernes beträgt. Dies bewirkt nach (8.30) den hohen Wert von $\log \zeta$, der für die Fermi-Entartung erforderlich ist.

Die makroskopischen Eigenschaften der Metalle, für welche die Elektronen verantwortlich sind, rühren – mit Ausnahme, glaube ich, des Diamagnetismus und vielleicht der Supraleitfähigkeit, die wir noch nicht recht verstehen – nicht von den

Elektronen her, die sich in dem dicht gepackten Gebiet befinden, wo alle aufeinanderfolgenden Niveaus besetzt sind. Denn dort verhindert das Paulische Ausschließungsprinzip den Übergang auf ein benachbartes Niveau; beispielsweise kann ein angelegtes elektrisches Feld diese Elektronen nicht dazu veranlassen, die Niveaus mit einem der Feldrichtung entsprechenden Impuls zu „bevorzugen", weil eben alle Nachbarniveaus ohnedies besetzt sind, so daß sie sich „nicht rühren" können. So verstehen wir die überragende Wichtigkeit jenes „Übergangsgebietes", wo die Besetzungszahl $\overline{n}_s$ (8.24) sehr schnell aber, wie gesagt, stetig mit wachsendem

$$x \left(= \frac{p_s}{2\,m\,k\,T}\right)$$

von 1 auf 0 sinkt.

Es ist das Gebiet in der Umgebung des x-Wertes, der in (8.27) angegeben ist.

Und deswegen braucht man in diesem Fall eine bessere Annäherung, als wir oben benutzt haben. Obwohl ich mich hier nicht auf genauere Einzelheiten der Sommerfeldschen Theorie einlassen möchte, muß ich doch wohl das mathematische Verfahren erklären. Nehmen wir das Integral I_2 als ein Beispiel. I_4 und andere ähnliche vorkommende Integrale werden in genau der gleichen Weise behandelt. Der Hauptgrundsatz dabei ist dieser. Im Integranden von

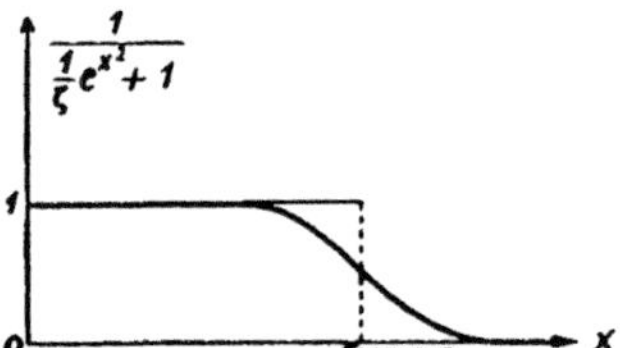

Abb. 4

$$I_2 = \int_0^\infty \frac{x^2\,d\,x}{\frac{1}{\zeta}\,e^{x^2} + 1}$$

verhält sich der Faktor

$$\frac{1}{\frac{1}{\zeta}\,e^{x^2} + 1} \quad (= \overline{n}_s)$$

wie in der vorstehenden Abbildung gezeigt wird. Wir haben ihn bisher durch die gestrichelten Linien mit den Ordinaten 1 oder 0 ersetzt. Wir nehmen das auch fernerhin als erste Annäherung, entwickeln aber die anzubringenden Verbesserungen in der Nähe der kritischen Abszisse $\sqrt{\log \zeta}$. Es ist etwas bequemer, die Veränderliche

$$u = x^2, \quad \text{mit} \quad u_0 = \log \zeta \tag{8.32}$$

als kritischer Abszisse zu benutzen (u ist im wesentlichen die Energie); demnach ist

$$2 I_2 = \int_0^\infty \frac{u^{\frac{1}{2}}\, d u}{e^{u-u_0}+1}$$

$$= \int_{u_0}^\infty \frac{u^{\frac{1}{2}}\, d u}{e^{u-u_0}+1} + \int_0^{u_0} \left(\frac{1}{e^{u-u_0}+1} - 1 + 1\right) u^{\frac{1}{2}}\, d u$$

$$= \int_{u_0}^\infty \frac{u^{\frac{1}{2}}\, d u}{e^{u-u_0}+1} - \int_0^{u_0} \frac{u^{\frac{1}{2}}\, d u}{e^{u_0-u}+1} + \frac{2}{3} u_0^{\frac{3}{2}}.$$

Das letzte Glied ist die erste Annäherung, nämlich das Integral über die gestrichelte Linie genommen. Die beiden anderen stellen die beiden „dreieckigen" Flächen dar, die jeweils addiert und subtrahiert werden müssen, um den richtigen Wert zu erhalten. Nun führt man in beide Integrale die positive Variable t ein, indem man im ersten $u - u_0 = u_0 t$, und im zweiten $u_0 - u = u_0 t$ setzt. Dann erhält man (wenn man das Hauptglied an erster Stelle schreibt)

$$2 I_2 = \frac{2}{3} u_0^{\frac{3}{2}} + u^{\frac{3}{2}} \left(\int_0^\infty \frac{d t \sqrt{1+t}}{e^{u_0 t}+1} - \int_0^1 \frac{d t \sqrt{1-t}}{e^{u_0 t}+1} \right).$$

Wir begehen nur einen kleinen Fehler (von der relativen Größenordnung $e^{-u_0} = 1/\zeta$), wenn wir auch das erste Integral bei $t = 1$ endigen lassen. Dann können wir die beiden Integrale vereinigen. Mit Hilfe der Entwicklung

$$\sqrt{1+t} - \sqrt{1-t} = t + \frac{1}{8} t^3 + \frac{7}{128} t^5 + \cdots$$

erhalten wir

$$2I_2 = \frac{2}{3}u_0^{\frac{3}{2}} + u_0^{\frac{3}{2}}\left(\int_0^1 \frac{t\,dt}{e^{u_0 t}+1} + \frac{1}{2}\int_0^1 \frac{t^3\,dt}{e^{u_0 t}+1}\right.$$
$$\left. + \frac{7}{128}\int_0^1 \frac{t^5\,dt}{e^{u_0 t}+1} + \cdots\right). \tag{8.33}$$

Wir begehen wieder kleine Fehler derselben Größenordnung wie vorher, wenn wir nun alle diese Integrale bis ins Unendliche erstrecken. Hiernach führen wir überall die Integrationsvariable $u_0 t$ ein, bezeichnen sie aber wieder mit t. Dann ist

$$2I_2 = \frac{2}{3}u_0^{\frac{3}{2}} + u_0^{-\frac{1}{2}}\int_0^\infty \frac{t\,dt}{e^t+1} + \frac{1}{8}u_0^{-\frac{5}{2}}\int_0^\infty \frac{t^3\,dt}{e^t+1}$$
$$+ \frac{7}{128}u^{-\frac{9}{2}}\int_0^\infty \frac{t^5\,dt}{e^t+1} + \cdots \tag{8.33'}$$

Da die Integrale nun reine Zahlen sind, haben wir eine Entwicklung nach fallenden Potenzen des Parameters $u_0^2 = (\log\zeta)^2$ erhalten, der als ziemlich groß anzunehmen ist (gleichzeitig wird die oben angegebene Vernachlässigung von $1/\zeta$ dadurch gerechtfertigt). Die Integrale sind einfache zahlenmäßige Vielfache der Riemannschen ζ-Funktion. Z.B.

$$\left.\begin{aligned}
&\int_0^\infty \frac{t\,dt}{e^t+1} = \frac{1}{2}\zeta(2) = \frac{\pi^2}{12},\\
&\int_0^\infty \frac{t^3\,dt}{e^t+1} = \frac{7\cdot 6}{8}\zeta(4) = \frac{7\pi^4}{120},\\
&\int_0^\infty \frac{t^5\,dt}{e^t+1} = \frac{31}{32}\,5!\,\zeta(6) = \frac{31\,\pi^6}{252} \quad \text{im allgemeinen},\\
&\int_0^\infty \frac{t^p\,dt}{e^t+1} = \left(1-\frac{1}{2^p}\right)p!\,\zeta(p+1),
\end{aligned}\right\} \tag{8.34}$$

wobei p jede natürliche Zahl sein darf und nicht notwendig eine Primzahl sein muß.

Die Ausdrücke in π ergeben sich aus einer Formel

$$\zeta(2p) = 2^{2p-1} \frac{\pi^{2p}}{(2p)!} B_p, \tag{8.35}$$

wobei B_p die Bernoulli-Zahl ist.

I_4 und ähnliche Integrale können auf genau die gleiche Weise gewonnen werden. Hiermit lassen wir diesen Gegenstand fallen.

(b) Starke Bose-Einstein-Entartung. Wir haben bereits darauf hingewiesen, daß bei den unteren Zeichen in (8.1) und (8.4) der größte zulässige Wert von ζ der Wert $\zeta = 1$ ist, weil der Integrand auf Grund seiner Bedeutung nicht negativ werden darf. In diesem Grenzfall erhalten wir aus (8.1)

$$1 = \frac{4\pi(2mk)^{\frac{3}{2}}}{h^3} \frac{V}{n} T^{\frac{3}{2}} \int_0^\infty \frac{x^2\,dx}{e^{x^2}-1}. \tag{8.1'}$$

Das Integral ist eine reine Zahl, ferner (siehe (8.25))

$$\int_0^\infty \frac{x^2\,dx}{e^{x^2}-1} = \frac{\sqrt{\pi}}{4}\left(1 + \frac{1}{2^{\frac{3}{2}}} + \frac{1}{3^{\frac{3}{2}}} + \frac{1}{4^{\frac{3}{2}}} + \cdots\right)$$

$$= \frac{\sqrt{\pi}}{4}\zeta\left(\frac{3}{2}\right) = \frac{\sqrt{\pi}}{4}\,2{,}612;$$

demnach ist

$$1 = \frac{(2\pi mkT)^{\frac{3}{2}}}{h^3} \frac{V}{n}\,2{,}612. \tag{8.1''}$$

Merkwürdig ist, daß dies der größte Wert ist, den das Integral für $\zeta \leqq 1$ erreichen kann. Aber die Gleichung sollte doch dazu dienen, ζ aus n und den anderen Daten zu bestimmen. Es war die Gleichung für das Minimum bei der Sattelwertmethode. Und ein Minimum muß es zweifellos in jedem Fall geben. Dennoch stehen wir der Tatsache gegenüber, daß wir ζ nicht bestimmen können, wenn bei einer bestimmten Temperatur in einem bestimmten Volumen mehr Teilchen enthalten sind als die Anzahl n, die sich aus (8.1″) ergibt.

Hier hilft nichts anderes, als auf die ursprüngliche Gleichung zurückzugreifen, die ja hieß (siehe 7.14))

$$n = \sum_s \frac{1}{\frac{1}{\zeta} e^{\mu \alpha_s} - 1} \quad \left(\mu = \frac{1}{kT}\right). \tag{7.14}$$

Hier ist es unmittelbar einleuchtend, daß die Summe keine obere Schranke hat. Gleichviel ob das erste, niedrigste α_s genau Null ist (wie wir annahmen) oder nicht, jedenfalls können wir, ohne daß irgendein Glied negativ wird, das erste Glied so groß machen, wie wir wollen, indem wir ζ dem Wert $e^{\mu \alpha_0}$ von unten her sich nähern lassen, mag dieser genau 1 oder etwas größer als 1 sein.

Einfachheitshalber bleiben wir bei $\alpha_0 = 0$ und $e^{\mu \alpha_0} = 1$, es ist quantenmechanisch nicht ganz korrekt, aber es kommt nicht darauf an. Rückt ζ nahe an 1 heran, z. B.

$$\zeta = 1 - \frac{1}{\beta n} \quad \text{mit (etwa)} \quad n^{-\frac{1}{3}} < \beta < 1, \tag{8.36}$$

so kann der beträchtliche Bruchteil βn aller Teilchen im untersten Niveau untergebracht werden. (Die einfache Abänderung, die erforderlich ist, wenn die ersten 2 oder 5 oder 20 Niveaus genau gleich sein sollten – also entartet – kann dem Leser überlassen bleiben.)

Wie steht es nun mit dem nächsten Glied der Summe? In dem niedrigsten Niveau ist das Produkt aus dem Impuls[1]) p und den Gefäßabmessungen $V^{\frac{1}{3}}$ von der Größenordnung $h/2\pi$:

$$p V^{\frac{1}{3}} \sim \frac{h}{2\pi}$$

und daher die Energie $$\alpha = \frac{p^2}{2m} \sim \frac{h^2}{8\pi^2 m} V^{-\frac{2}{3}}; \tag{8.37}$$

und das ist auch die Größenordnung der niedrigsten Niveauschritte, d. h. der Unterschiede zwischen aufeinanderfolgenden

1) Man verwechsele bitte nicht dieses p in den folgenden paar Zeilen mit dem Druck.

α's im niedrigsten Gebiet. Daher wird sich für das Glied, das auf α_0 folgt,

$$\mu \varkappa = \frac{\varkappa}{kT} \sim \frac{h^2}{8\pi^2 m k T} V^{-\frac{2}{3}}$$

ergeben. Dies ist sehr klein, aber nicht von der Größenordnung n^{-1}, sondern nur $n^{-\frac{2}{3}}$, wie man aus Gleichung (8.1″) ersehen kann, die natürlich der Größenordnung nach richtig bleiben wird. Dann dürfen wir nach (7.14) und (8.36) in diesem nächsten Glied bereits unbedenklich $\zeta = 1$ setzen und werden eine Besetzungszahl der Ordnung

$$n^{\frac{2}{3}}$$

erhalten, die zwar groß ist, aber doch nur ein infinitesimaler Bruchteil von n (man vergleiche dies mit der ersten Besetzungszahl βn, die ein beträchtlicher Bruchteil von n sein kann.) Auch die folgenden Besetzungszahlen sind nicht größer, denn sie nehmen monoton ab. Überspringen wir die nächsten 50 oder 1000, so kommen wir bald in ein Gebiet, wo die relative Änderung von einem Niveau zum nächsten klein genug ist, um die Näherung mit Hilfe eines Integrals völlig zu rechtfertigen (unsere „Abzählung“ $\frac{4\pi V}{R^3} p^2 dp$ trug natürlich den ersten paar Niveaus ohnedies nicht Rechnung; aber das war belanglos, außer eben in dem vorliegenden Fall für den einen niedrigsten Energiewert. Innerhalb des Integrals können wir selbstverständlich mit $\zeta = 1$ rechnen.

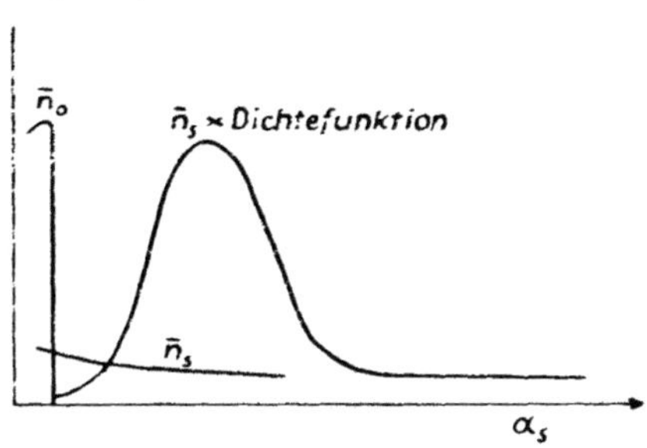

Abb. 5

Mit einem Wort: (8.1″) bleibt gültig, wenn die Zahl der wirklich vorhandenen Teilchen gleich oder größer ist als der Wert von n, den (8.1″) ergibt. Aber nur n davon bleiben in diesem Fall sozusagen „am Leben“ und verteilen sich über alle Energiewerte nach einem Gesetz, das dem der schwarzen Strahlung ähnelt. Die überschüssigen kondensieren, wie man wohl sagt, d.h. begeben sich in den allerniedrigsten Zustand (siehe die Abbildung).

Bei Kompression oder Dilatation wird sich der Körper, wenn wir die Temperatur konstant halten, sehr ähnlich wie ein gesättigter Dampf in Kontakt mit seinem Kondensat verhalten. Der thermodynamische Zustand (z. B. Druck und Energiedichte) wird sich nicht ändern, bis entweder alles kondensiert oder alles verdampft ist (was nicht bedeutet, daß der niedrigste Zustand überhaupt nicht besetzt ist, sondern daß der „Buckel" verschwunden ist).

Die „Verdampfungswärme" ist natürlich genau die mittlere Energie U der Teilchen im „lebendigen" Zustand; wir entnehmen sie aus (8.4) mit $\zeta = 1$:

$$\frac{2}{3}\frac{U}{nkT} = \frac{2}{3}\frac{\int\limits_0^\infty \frac{x^4\,dx}{e^{x^2}-1}}{\int\limits_0^\infty \frac{x^2\,dx}{e^{x^2}-1}}.$$

Das Integral im Nenner ist bereits behandelt worden. Das andere ist

$$\int\limits_0^\infty \frac{x^4\,dx}{e^{x^2}-1} = \frac{3}{2}\frac{\sqrt{\pi}}{4}\left(1+\frac{1}{2^{\frac{5}{2}}}+\frac{1}{3^{\frac{5}{2}}}+\frac{1}{4^{\frac{5}{2}}}+\cdots\right)$$
$$= \frac{3}{2}\frac{\sqrt{\pi}}{4}\zeta\left(\frac{5}{2}\right) = \frac{3}{2}\frac{\sqrt{\pi}}{4}\,1{,}341,$$

und daher $$\frac{2}{3}\frac{U}{nkT} = \frac{1{,}341}{2{,}612} = 0{,}5134$$

Wir sehen, daß die Energie im gesättigten Bose-Einstein-Zustand nur eben etwas mehr als den halben klassischen Wert beträgt (das gleiche gilt für den Druck). Könnten wir durch isotherme Kompression diesen Zustand rein erreichen und sogar überschreiten (was sicher nicht der Fall ist, weil die *idealen* Gesetze durch das Volumen der Teilchen und ihre gegenseitigen Kräfte stark verzerrt sind), würden die Teilchen etwa die Hälfte ihrer Energie allmählich durch eine Veränderung der Verteilungsfunktion verlieren, die andere Hälfte dagegen plötzlich durch Bose-Einstein-Kondensation.

An sich liegt das Gebiet dieser starken Entartung keineswegs außerhalb der Reichweite des Experimentes. Für Helium z. B. ist die erforderliche Dichte noch nicht die der Flüssigkeit, wenn wir die Temperatur mit nur 1° K annehmen. (Die Rechnung ist leicht, wenn wir das Ergebnis von (8.9) benutzen und (8.8) mit unserer jetzigen Gleichung (8.1) vergleichen.)

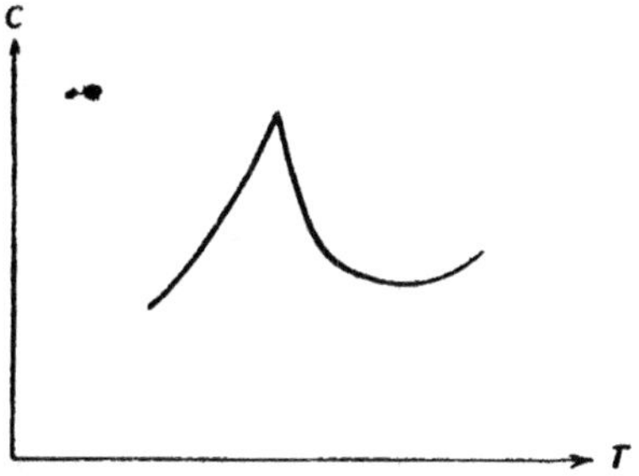

Abb. 6

F. London hat gezeigt, daß Spuren dieses merkwürdigen Verhaltens in dem sonderbaren Übergang stecken müssen, der bei flüssigem Helium um eine gewisse niedrige Temperatur von wenigen Graden zu beobachten ist, nämlich beim sogenannten Λ-Punkt, wo die spezifische Wärme bei der Abkühlung einen plötzlichen Anstieg und Abfall (in der Form eines Λ) zeigt. Das ist es, was wir zu erwarten haben, wenn eine Art verschleierten allelomorphen Übergangs stattgefunden hat, wobei die latente Wärme, statt plötzlich bei einer bestimmten Temperatur aufzutreten, sich über ein kleines Gebiet verteilt. Der Umstand, daß Helium bei atmospärischem Druck sogar für $T = 0$ flüssig bleibt, zeigt, daß dieser Zustand, wenn auch flüssig, doch „überraschend wohl geordnet" sein muß, wenn seine Entropie Null sein soll.

Kapitel IX

DAS STRAHLUNGSPROBLEM

Schon an einer früheren Stelle (Seite 56) habe ich auf die Tatsache aufmerksam gemacht, daß unsere Betrachtungen auch den Fall der elektromagnetischen Strahlung umfassen, die folgendermaßen gekennzeichnet ist.

1. Ruhmasse Null, wodurch die Energie α_s eine lineare Funktion des Impulses p_s wird, statt daß sie quadratisch ist wie in den bisherigen Fällen.

2. $\zeta = 1$ oder mit anderen Worten eine unbestimmte Anzahl von Teilchen oder Quanten.

Diese beiden Züge sind nicht voneinander unabhängig. Denn in dem Unterabschnitt über Vernichtung der Materie haben wir gezeigt, daß Quanten mit nicht verschwindender Ruhmasse praktisch verschwinden müßten, wenn ihre Anzahl unbestimmt bliebe.

Es besteht eine formale Analogie mit dem Fall der Bose-Einstein-Kondensation, bei der ebenfalls $\zeta = 1$ ist.

Um die übliche Theorie zu erhalten, brauchen wir nur unsere allgemeine Formel für die mittlere Besetzungszahl im Bosefall zu betrachten, nämlich

$$\overline{n}_s = \frac{1}{\frac{1}{\zeta}\, e^{\mu \alpha_s} - 1},$$

und $\zeta = 1$ und $\alpha_s = h\nu_s$ setzen (und natürlich $\mu = 1/kT$). Demnach ist

$$\overline{n}_s = \frac{1}{e^{h\nu_s/kT} - 1} \tag{9.1}$$

die mittlere Zahl der Quanten $h\nu_s$ im s-ten Zustand (oder beim s-ten Hohlraum-Oszillator). Da es nun (siehe Seite 61)

$$\frac{8\pi V\nu^2 d\nu}{c^3} \tag{9.2}$$

Niveaus oder Oszillatoren mit ν_s zwischen ν und $\nu + d\nu$ gibt, so erhalten wir für die Energiedichte (d.h. für $V = 1$) der monochromatischen Strahlung zwischen ν und $\nu + d\nu$

$$\frac{8\pi h}{c^3} \frac{\nu^3}{e^{h\nu/kT} - 1} d\nu, \tag{9.3}$$

die berühmte Plancksche Formel.

Nun aber erfordert ein Punkt, daß wir uns näher mit ihm beschäftigen. Ich habe absichtlich in den vorangehenden Sätzen an die enge Analogie zwischen einem mit „s" bezeichneten Zustand, der fähig ist, ein, zwei, drei oder mehr Quanten $h\nu_s$ aufzunehmen, und einem quantenmechanischen Oszillator erinnert. Nach dieser Auffassung, historisch der ältesten, gewinnen die Energiebeträge $n_s h\nu_s$ oder

$$0, \quad h\nu_s, \quad 2h\nu_s, \quad 3h\nu_s, \quad \ldots \tag{9.4}$$

die Bedeutung der Energieniveaus dieses Oszillators. Nun sind in der Quantenmechanik die Oszillatorenniveaus nicht ganzzahlig, sondern die „halbungeraden" Vielfachen einer Einheit (nämlich der h-fachen klassischen Frequenz). Dieses theoretische Ergebnis ist in allen geprüften Fällen durch das Experiment bestätigt worden. Der Theoretiker kann kaum umhin zu fragen: Würde es irgendeinen Unterschied machen, wenn wir das Niveauschema (9.4) durch

$$\tfrac{1}{2}h\nu_s, \quad \tfrac{3}{2}h\nu_s, \quad \tfrac{5}{2}h\nu_s, \quad \ldots \tag{9.5}$$

ersetzen? Diese neue Annahme wird aber durch unsere Formel (7.1)

$$Z = \sum_{(n_s)} e^{-\mu \sum_s n_s \alpha_s} \tag{7.1}$$

(die über alle erlaubten Verbindungen $n_1, n_2, \ldots, n_s, \ldots$ zu summieren ist) nicht wirklich umfaßt, weil wir bei allen anschließenden Überlegungen die n_s immer als ganze Zahlen behandelt haben. Es ist aber leicht, die Änderung abzuschätzen, die sich daraus ergeben würde. Denn bei dem allgemeinen Verfahren der „Zustandssumme" ist das absolute Nullniveau der Energie belanglos. Fügt man eine Konstante C zu allen Niveaus des ganzen Systems, so fällt diese Konstante in allen Ergebnissen heraus – abgesehen natürlich davon, daß der Mittelwert der Energie um den Betrag dieser Konstanten erhöht wird. Nun haben wir in (9.5) verglichen mit (9.4) alle Niveaus des ganzen Systems um die Konstante

$$\sum_s \frac{h\nu_s}{2} = \frac{h}{2}\sum_s \nu_s \tag{9.6}$$

erhöht. Es ist wahr, daß dieses eine unendliche Konstante ist. Alles, was sich sagen läßt, ist dies: Wenn man zuerst die neue Annahme (9.5) bis hinauf zu $s = r$ einführt (wobei r irgendeine große Zahl sein soll) und nunmehr erklärt, daß die Nullpunktsenergie

$$\frac{h}{2}\sum_{s=1}^{r}\nu_s$$

stets vorhanden ist und daher in einem Experiment über Emission oder Absorption nicht in Erscheinung treten kann, dann ändert sich nichts, wie groß man auch r nehmen mag. So kann man vielleicht zulassen, daß $r \to \infty$ geht. Doch hat es wenig Sinn, sich den Kopf darüber zu zerbrechen, ob es zulässig ist oder nicht, diese unendliche Nullpunktsenergie einzuführen. Das ganze Verfahren ist offenbar eine Spielerei, die nur eingeführt wird, um dem Quantenphysiker eine Freude zu machen, der an halbungeraden Quantenzahlen mehr Geschmack findet, als an ganzen Quantenzahlen.

Aber in der kürzlich erschienenen Arbeit von Peng und Born ist ein völlig neuer Gesichtspunkt aufgetreten. Diese Arbeit befaßt sich mit viel ernsthafteren Schwierigkeiten, die in der Strahlungstheorie auftreten (und in der Quantelung überhaupt), sobald man über die Betrachtung des Zustandes des thermodynamischen Gleichgewichts hinausgeht und sich an die quantenmechanische Untersuchung einzelner individueller Wechselwirkungsvorgänge heranmacht. Ob Born und Pengs Theorie wirklich diese Schwierigkeiten erfolgreich überwinden wird, kann man noch nicht sagen. Hier will ich nur ihre Auffassung vom Gleichgewicht andeuten.

Ihre Theorie veranlaßt sie dazu, jedem der „Hohlraum"-Oszillatoren (die durch den Index s unterschieden sind) zwei verschiedene Situationen zuzuschreiben (ich sage „Situationen", weil der Ausdruck „Zustand" schon vergeben ist). Der Oszillator kann entweder überhaupt nicht erregt sein – er hat dann die Energie Null – oder er kann erregt sein und hat dann eine der Energien (9.5), und wir können sagen, daß er 0, 1, 2, 3, ... Quanten oder „Strahlungsatome" aufnimmt (aber wir werden seine Besetzungszahl mit $\frac{1}{2}$, $\frac{3}{2}$, $\frac{5}{2}$, ... bezeichnen, weil das einfacher ist). Wie in der gewöhnlichen Theorie bleibt die Anzahl der Quanten *unbestimmt*. Aber die Anzahl der Oszillatoren, die überhaupt erregt sind, ist vorgeschrieben, wir wollen diese Zahl mit N bezeichnen.

Die Theorie muß neu aufgebaut werden, aber sie ist sehr einfach. Wir gehen von (7.1) aus, worin wir wieder, wie in (7.4)

$$e^{-\mu \alpha_s} = z_s, \quad \mu = \frac{1}{kT} \tag{7.4}$$

setzen und somit
$$Z = \sum_{(n_s)} z_1^{n_1} z_2^{n_2} \dots z_s^{n_s} \dots \tag{9.7}$$
erhalten.

Die neue Annahme kommt darauf hinaus, für jedes n_s

$$n_s = 0, \quad \tfrac{1}{2}, \quad \tfrac{3}{2}, \quad \tfrac{5}{2}, \quad \dots \tag{9.8}$$

einzuführen, aber mit der Nebenbedingung, daß nur und genau N von allen n_s sich von Null unterscheiden sollen.

Um dieser Bedingung durch komplexe Integration Rechnung zu tragen, wie wir es in den vorangegangenen Fällen getan haben, fügen wir zunächst zu jeder Potenz $z_r^{n_r}$ mit $n_r \neq 0$ in (9.7) den Faktor ζ hinzu und bilden dann die Summe ohne Rücksicht auf die Zusatzbedingung. Das Ergebnis nennen wir

$$
\begin{aligned}
f(\zeta) &= \prod_s \left(1 + \zeta z_s^{\frac{1}{2}} + \zeta z_s^{\frac{3}{2}} + \cdots\right) \\
&= \prod_s \left(1 + \zeta z_s^{\frac{1}{2}} \frac{1}{1 - z_s}\right) \\
&= \prod_s \left(1 + \frac{\zeta}{z_s^{-\frac{1}{2}} - z_s^{\frac{1}{2}}}\right) \\
&= \prod_s \left(1 + \frac{\zeta}{2 \sinh\left(\frac{\mu \alpha_s}{2}\right)}\right)
\end{aligned}
\qquad (9.9)
$$

Unser Z ist offenbar der Koeffizient von ζ^N in $f(\zeta)$. Daher erhalten wir durch ein Verfahren, das wir bereits zweimal im einzelnen beschrieben haben,

$$
\log Z = -(N + 1) \log \zeta + \log f(\zeta), \qquad (9.10)
$$

worin ζ die reelle positive Wurzel von

$$
0 = -\frac{N+1}{\zeta} + \frac{f'(\zeta)}{f(\zeta)} \qquad (9.11)
$$

ist. (In (9.10) ist ein gewisses Korrektionsglied ohne weiteres ausgelassen. Der Leser wird das leicht selbst rechtfertigen können, wenn er Lust dazu hat.) Aus dem letzten Ausdruck (9.9) und aus (9.11), worin wir das lächerliche „1“ in „$N + 1$“ fallen lassen, finden wir leicht

$$
N = \sum_s \frac{1}{\frac{2}{\zeta} \sinh \frac{\mu \alpha_s}{2} + 1}. \qquad (9.12)
$$

Man kann leicht erraten, was der Summand bedeutet. Da N die Zahl der erregten Oszillatoren ist, stellt dieser Ausdruck wahrscheinlich die mittlere Erregungszahl dar (im Gegensatz zur mittleren Besetzungszahl $\bar{n}_s$).

Wir werden beide berechnen und mit der letzteren beginnen, weil sie die uns vertrautere ist. Man betrachte (9.7), die Zustandssumme. Ihre einzelnen Glieder sind, wie wir wissen, die relativen Wahrscheinlichkeiten der verschiedenen möglichen Zustände des Ganzen (jeder Zustand wird durch eine Zahlengesamtheit n_s gekennzeichnet). $\bar{n}_s$ wird für einen bestimmten Zustand s durch Multiplikation jedes Gliedes mit den zugehörigen n_s, Aufsummieren und Division durch Z selbst gefunden. Das kann in folgender Weise geschehen:[1])

$$\bar{n}_s = z_s \frac{\partial \log Z}{\partial z_s} = -\frac{1}{\mu}\frac{\partial \log Z}{\partial \alpha_s}. \tag{9.13}$$

Nun benutzen wir (9.10) für $\log Z$. Nach (9.11) trägt die implizite Differentiation „via ζ" nichts zum Ergebnis bei, und aus (9.9) ergibt sich

$$\log f(\zeta) = \sum_s \log\left(1 + \frac{\zeta}{2\sinh\left(\frac{\mu\alpha_s}{2}\right)}\right). \tag{9.14}$$

Daraus folgt dann

$$\bar{n}_s = -\frac{1}{\mu}\frac{\partial \log Z}{\partial \alpha_s} = \frac{1}{1+\dfrac{\zeta}{2\sinh\left(\frac{\mu\alpha_s}{2}\right)}}\,\frac{\zeta}{2\left[\sinh\left(\frac{\mu\alpha_s}{2}\right)\right]^2}\cdot\frac{1}{2}\cosh\frac{\mu\alpha_s}{2}$$

$$= \frac{1}{\dfrac{2}{\zeta}\sinh\left(\frac{\mu\alpha_s}{2}\right)+1}\cdot\frac{1}{2}\operatorname{ctgh}\frac{\mu\alpha_s}{2}$$

$$= \frac{1}{\dfrac{2}{\zeta}\sinh\left(\frac{\mu\alpha_s}{2}+1\right)}\left(\frac{1}{2}+\frac{1}{e^{\mu\alpha_s}-1}\right). \tag{9.15}$$

Der Ausdruck ist durchsichtig, aber wir verschieben seine Diskussion.

Die mittlere *Erregungszahl* des s-ten Oszillators (wir wollen sie $\bar{e}_s$ nennen) erhält man aus (9.7), wenn man die Summe über alle

---

1) Der Ausdruck ist von (7.2) her bekannt, und wir hätten ihn von dort her übernehmen können.

die Glieder bildet, in denen $n_s \neq 0$ ist, und diese durch Z selbst teilt. Da die fraglichen Glieder für $z_s = 0$ verschwinden, während die anderen nicht betroffen werden, erhalten wir

$$\bar{e}_s = \frac{Z - Z_{(z_s=0)}}{Z} = 1 - \frac{Z_{(z_s=0)}}{Z}.$$

Daraus dann $\log(1 - \bar{e}_s) = \log Z_{(z_s=0)} - \log Z$.

Da $z_s = 0$ so viel bedeutet wie $\alpha_s = \infty$, erhalten wir aus (9.10) und (9.9)

$$\log(1 - \bar{e}_s) = -\log\left(1 + \frac{\zeta}{2\sinh\left(\frac{\mu\alpha_s}{2}\right)}\right) \tag{9.16}$$

oder

$$\bar{e}_s = 1 - \frac{1}{1 + \frac{\zeta}{2\sinh\left(\frac{\mu\alpha_s}{2}\right)}}$$

$$= \frac{1}{\frac{2}{\zeta}\sinh\frac{\mu\alpha_s}{2} + 1}. \tag{9.17}$$

Das ist in der Tat, wie wir vermutet hatten, der Summand in (9.12) und auch der erste Faktor in (9.15).

Die Diskussion ist nun sehr einfach. Die Erregungszahlen bilden so etwas wie eine Fermiverteilung, nur daß $2\sinh\frac{\mu\alpha_s}{2}$ an Stelle von $e^{\mu\alpha_s}$ steht, was nur wenig Unterschied ausmacht. Soll (9.15) praktisch auf die Plancksche Formel hinauslaufen, so muß die Fermiverteilung $\bar{e}_s$ stark entartet sein, d. h. ζ muß sehr groß sein. Nach (9.12) erreicht man das, wenn man N sehr groß nimmt. Dann werden die $\bar{e}_s$ bis hinauf zu einem gewissen $s\,(\approx N)$ nahezu 1 sein und dort auf Null abfallen. Und dann kann man für (9.15) schreiben

$$\bar{n}_s = \bar{e}_s\left(\frac{1}{2} + \frac{1}{e^{\mu\alpha_s} - 1}\right), \tag{9.18}$$

was nicht merklich von der Planckschen Verteilung abweicht, wenn nur N groß genug ist, um praktisch die gesamte Planckverteilung zu umfassen. (Was in der Nähe von $s \approx N$ aufhört, ist nur der Beitrag $\frac{1}{2}h\nu_s$ zur Nullpunktsenergie, die daher endlich bleibt.)

Das ist also im Augenblick der Stand der Angelegenheit, es erübrigt bloß noch eine sachdienliche Bemerkung.

Was die Nullpunktsenergie hindert, unendlich zu werden, ist nicht die N-Bedingung, sondern die Zulassung der 0 für jeden Oszillator. Die N-Bedingung ist erforderlich, um die Gesamtzahl der erregten Niveaus nach unten, nicht nach oben zu begrenzen. In der Tat ändert sich nichts, wenn sie durch die Ungleichung ersetzt wird: Anzahl der erregten Niveaus $\geqq N$ (aber $\leqq N$ würde nicht genügen).

Um das einzusehen, erinnere man sich, daß der Koeffizient von ζ^N in $f(\zeta)$ dadurch isoliert worden ist, daß man das Residuum von

$$\zeta^{-N-1} f(\zeta) \tag{9.19}$$

gebildet hat, daß dieses zu (9.10) führt, und daß ein sehr großes ζ herauskommen muß. Wählen wir nun statt dessen die Ungleichheitsbedingung ($\geqq N$), so müßten wir eigentlich die Koeffizienten aller $\zeta^{N'}$ sammeln, für die $N' \geqq N$ ist. Um aber einen zweiten unendlichen Prozeß zu vermeiden, wollen wir lieber diejenigen sammeln, für welche $N' < N$, und sie dann von $f(1)$ (der Summe aller Koeffizienten) abziehen. So bilden wir

$$(\zeta^{-1} + \zeta^{-2} + \cdots + \zeta^{-N}) f(\zeta) = \zeta^{-1} \frac{1-\zeta^{-N}}{1-\zeta^{-1}} f(\zeta) = \frac{1-\zeta^{-N}}{\zeta - 1} f(\zeta)$$

und erhalten jetzt für Z

$$Z = f(1) - \frac{1}{2\pi i} \oint \frac{1-\zeta^{-N}}{\zeta-1} f(\zeta)\, d\zeta .$$

Man beachte, daß der Integrand bei $\zeta = 1$ keine Singularität hat (überhaupt keine außer der einen im Ursprung); daher können wir zur Integration einen Kreis mit $|\zeta| > 1$ und zwar so groß, wie wir wollen, wählen. Hiernach spalten wir das Integral in die

Summe zweier Integrale entsprechend dem Zähler. Das erste davon hebt nach dem Cauchyschen Satz $f(1)$ auf, und wir erhalten

$$Z = \frac{1}{2\pi i}\oint \frac{\zeta^{-N}}{\zeta - 1} f(\zeta)\, d\zeta .$$

Der Umstand, daß dieses nun bei $\zeta = 1$ eine Singularität *hat*, ist belanglos, denn die Gleichung ist gesichert; wir haben sie nur auszuwerten. Wir tun dies nach der Sattelwertmethode. Dann aber ist klar, daß, wenn N eine sehr große Zahl ist,

1. der Sattelpunkt bei $\zeta > 1$ zu finden sein wird, vorausgesetzt, daß die Situation derart ist, daß er sich bei einem ζ beträchtlich > 1 fände, wenn der Faktor ζ^{-N-1} anstelle von $\zeta^{-N}(\zeta - 1)$ stände;

2. wenn dem aber so ist, so wird das Ergebnis praktisch das gleiche sein wie vorher (die Änderung kann kaum größer sein, als wenn N sich um eine Einheit änderte).

Ließe man die N-Bedingung völlig fallen, so erhielte man natürlich $\zeta = 1$ wie bei früheren Gelegenheiten. Das ist unzulässig, weil man leicht sieht, daß das Ergebnis weit von der Planckschen Formel abweichen würde.

GPSR Compliance

The European Union's (EU) General Product Safety Regulation (GPSR) is a set of rules that requires consumer products to be safe and our obligations to ensure this.

If you have any concerns about our products, you can contact us on ProductSafety@springernature.com

In case Publisher is established outside the EU, the EU authorized representative is:

Springer Nature Customer Service Center GmbH
Europaplatz 3
69115 Heidelberg, Germany

Batch number: 08566374

Printed by Printforce, the Netherlands